农产品安全生产技术丛书

鹅
安全生产技术指南

段修军　主编

U0249619

中国农业出版社

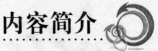

内容简介

随着人们环保意识的逐渐增强、居民消费理念的更新，鹅的安全生产已成为消费者和养殖者关注的焦点。本书以安全生产为指导理念，从鹅安全生产的条件、场址选择、良种繁育、营养调控、饲养管理、产品加工、疫病防制、经营管理等八个方面作了系统阐述。本书注重科学性、实用性和系统性，其内容丰富，取材广泛，理论联系实际，主要技术均来源于生产第一线的经验积累，既可作为培训教材使用，也可作为鹅生产管理者、养鹅技术人员、基层科技人员的参考用书。

编写人员

主　　编	段修军	
副 主 编	张　玲	王日君
编　　者	袁旭红	钱学智
	孙国波	王丽华
	张　玲	段修军
	王日君	卞友庆
审　　稿	陈国宏	

前　言

21世纪以来出现的"三聚氰胺"、"苏丹红"、"瘦肉精"、浙江西门岛污染、康菲漏油污染等事件，使得食品安全、环境保护等话题成为我国政府和民众日益关注与讨论的焦点。而畜禽生产与食品安全、环境保护密切相关，一方面畜禽产品直接关系到个人健康，另一方面畜禽生产对环境依赖的同时又影响着环境。因此，追求畜禽产品安全、优质的观念，已深入人心。我国虽是水禽饲养和消费大国，但违禁药物与添加剂的不合理使用、疫病防控不力以及环境污染等问题影响了我国水禽业的发展，也关系到人们的身体健康，畜禽的安全生产势在必行。

有鉴于此，在长期从事养鹅的教学和生产实践的基础上，我们编写了《鹅安全生产技术指南》一书。全书共分八章，分别为概述、鹅场建设、鹅的良种繁育、鹅的营养调控技术、鹅的养殖新技术、鹅加工产品的安全生产、鹅的疾病防制技术以及鹅场经营管理与经济效益分析。

本书由段修军任主编，张玲、王日君任副主编。

　　王日君编写了第一章，袁旭红编写了第五章，王丽华编写了第二章，段修军编写了第三章并全书统稿，张玲编写了第四章和附录，孙国波编写了第六章，钱学智编写了第七章，卞友庆编写了第八章。

　　编写过程中，在参编者共同努力的同时，也得到了一些同仁的支持和帮助，在此一并致谢。

段修军

2011 年 9 月于江苏畜牧兽医职业技术学院

目　录

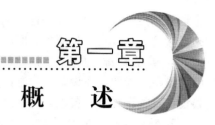

第一章

概　述

第一节　鹅安全生产的概念和条件

一、鹅安全生产的概念

当前，食品安全问题特别是畜禽产品的安全性已成为广大消费者关注的焦点，开发和生产绿色、有机、无公害产品，对保障消费者健康、扩大对外出口、促进畜牧业可持续健康发展以及农民增收等都具有重要意义。我国作为传统的水禽饲养和消费大国，开展安全性生产具有很强的现实意义。而鹅安全生产指的是在符合国家有关标准和规范的前提下，其生产过程中产生的废弃物对环境污染小，鹅产品不含任何有害物质，对人体健康无不良影响，且产品具备其原有风味和营养特点。

二、鹅安全生产的条件

鹅安全生产所需条件一般包括鹅舍建筑、养殖设备、牧草供给、人员配备等相关因素。

1. 鹅舍建筑　随着饲养条件的不断改变，鹅的饲养从原先的放牧饲养发展到今天的舍内平养，对鹅舍建筑提出了相应的要求，使用了多种新的机械化产品，为鹅的饲养提供了便利。鹅舍类型主要包括放养鹅舍和圈养鹅舍。其中放养鹅舍分为临时简易鹅舍和长期固定鹅舍两类，简易鹅舍包括鹅舍、陆上运动场、水上运动场三部分。而圈养鹅舍则主要是针对规模化生产而言，包括育雏舍、育成舍、种鹅舍、肉用仔鹅舍等。

2. 养殖设备 鹅安全生产需要育雏保温设备、饮水设备、喂料设备、光照通风设备、降温设备、清洗消毒设备、防疫与质检设备、粪污处理设备以及运输设备等。

3. 牧草供给 安全养鹅，牧草供给至关重要。养鹅适宜种植禾本科和苋科牧草，如黑麦草、鲁梅克斯、籽粒苋等。

4. 人员配备 从鹅安全生产长远发展考虑，人员配备很重要，所配备的人员主要包括身体健康且具有养殖经验的饲养人员、经过专门化培训的卫生防疫技术人员、经验丰富的管理人员以及规模适度的后勤保障与销售人员等。

5. 其他 除上述条件之外，还需具备一些其他的条件，如鹅安全生产的运行资金、区域性市场调研分析（主要包括饲养原料供给分析、疫病污染源调查、消费需求分析）等。

第二节　影响鹅安全生产的因素

鹅安全生产是一个系统复杂的工程，与鹅产品生产有关的单位和个人要互相配合，在鹅生产的各个环节进行科学监控和把关，按标准的规定去操作，其中哪一个环节出了问题，都会使整个工程前功尽弃。具体而言，影响鹅安全生产的因素主要包括以下五个方面。

一、品种的影响

就鹅种本身而言，生产性能的优劣对鹅生产意义重大。利用优良品种进行生产，一方面可使鹅产品获得较好的生产优势，另一方面也带来了经济效益的最大化。此外，不同类型的鹅品种其生产目的的不同，如皖西白鹅是以产绒好著称，豁眼鹅是以产蛋量高闻名，溆浦鹅是以产肉性能及产肝性能好而家喻户晓，生产者应根据生产方向选择合适的鹅品种。

二、环境的影响

自然环境对鹅安全生产的影响主要包括：生产地环境符合鹅安全生产标准的要求，无工业三废污染和生活垃圾污染；生产区域的气候、生态环境等符合鹅良好生长发育的需要；严格控制生产过程中对周围环境造成的污染，避免双向交叉影响。

三、饲料的影响

在鹅养殖过程中，如果饲料原料质量低劣，不符合卫生质量标准，使用后会影响鹅的正常消化和鹅体健康；造成鹅产品质量不达标，影响鹅安全生产。此外，如果所配饲料不符合鹅的营养标准，造成鹅的生长受阻，同样也影响鹅产品的安全性。

四、饲养技术的影响

1. 饲养方式 传统的开放式饲养，鹅在舍外长期风餐露宿，由于昼夜及日常环境的变化，必须通过大量的营养消耗来保证体温的恒定；可一旦环境变化剧烈，鹅不能马上适应时，就会生病。传统的水陆结合饲养方式，由于鹅长期向有限的小范围水中排粪而污染水质，极易使鹅受到细菌的侵袭而发病，影响鹅的安全生产。

2. 饲养条件 长期在保温不易实施、通风不畅、地面潮湿、养殖设备不达标等的条件下饲养，会使鹅体体质下降。

3. 饲养管理 饲养管理对于鹅安全生产关系重大。饲养人员技能水平的高低将决定养鹅的成败。饲养人员应参加系统的培训，具备过硬的养殖技术和安全生产常识，养殖企业应定期对养殖人员进行业务培训，及时更新养殖技术，提高饲养水平。

五、市场的影响

市场需求量的不确定性、生产的随意性使鹅安全生产难以规范化组织，难以提高鹅产品的档次和质量，不利于鹅安全生产的长期稳定发展。其中市场需求量的不确定性表现在地区消费习俗、饮食结构的变化、畜禽疫病影响等，生产的随意性表现在生产的盲目性、区域大面积无序经营、生产管理及疫病防控的不规范性等。

第三节 我国鹅安全生产的
现状和前景

一、鹅生产的现状

1. 鹅生产规模稳步扩大 我国是世界水禽生产大国。目前鹅存栏量、屠宰量、鹅肉产量、鹅蛋产量等均居世界首位。据联合国世界粮食及农业组织统计数据：2009 年我国鹅存栏 3.17 亿只，占世界鹅存栏的 88.78%，比 2008 年增长 1.60%，鹅出栏5.83 亿只，占世界鹅出栏的 93.27%，比 2008 年增长 4.11%，鹅肉产量 233.06 万吨，占世界鹅肉产量的 94.14%，比 2008 年增长 4.16%。

2. 产业化龙头企业发展迅速 近几年来，随着农业产业结构的调整，不少地区利用自身资源优势，大力发展养鹅业。以养鹅基地为平台，以大企业、大型超市和交易市场为龙头的产业化模式不断出现，延长了鹅的产业链，提高了产业化程度。国内不断涌现出具有较强市场竞争力的大型产业化龙头企业，如辽宁的阜新市美中鹅业工贸有限责任公司,吉林的吉林正方农牧股份有限公司等。同时,企业大多以鹅的育种、饲养、屠宰加工、销售等形式进行生产经营,产品在国内外市场得到大力拓展,有效解决了鹅业发展中的产、加、销等诸多问题,大大减少了养殖风险,也成为提高农民收入的重要途径之一。以"龙头企业+基地+养殖户"的模式进行鹅的产业化成为发展的趋势。

3. 消费市场潜力巨大　我国长期以来有食鹅的习惯和传统的烹饪方法。盐水鹅、烧鹅、风鹅、酱板鹅、香辣鹅等都很畅销,也是出口的好产品。近年来,鹅肥肝的生产消费增幅较大,预计随着国内外市场的需求增长,中国将继法国之后成为鹅肥肝生产和消费的新兴大国。

二、存在的问题

1. 疾病防控有待加强　我国虽然是鹅的生产大国,但并不是强国。近年来我国鹅饲养量虽逐年增长,规模化、产业化经营水平也得到快速提高,但疫病危害一直是阻碍养鹅业发展的重要问题。鹅疫病的研究和防控体系还不完善;饲养方式仍然落后、粗放,饲养条件简陋;同一水域可能承载多个来源不同的鹅群,极易感染各种疾病,致使疫病的防制难度增大,一旦发病,传播较快,很难防治,损失惨重。

2. 饲养方式相对落后　传统小规模的饲养方式不能保证现代化生产和消费的需要,规模化、工厂化养殖比较少,散养仍占较大的比重,不利于疫病防控和产品质量的保证。

3. 研发水平还比较低　目前养鹅的研究工作还处在初始阶段,鹅专用生物制品的开发速度跟不上产业发展的需求,科研经费投入不足,育种工作与国外相比仍有差距。这些问题的存在都不同程度地影响着我国养鹅业的发展。

4. 鹅产品的深加工相对滞后　当前,我国鹅产品深加工的小企业较多，规模普遍较小，屠宰加工工艺技术和设备相对滞后，加工产品雷同，效率偏低。高温制品多，低温制品少；整只加工多，分割加工产品少；初加工产品多，深精加工产品少；国内消费多，出口产品少；产品附加值不高，市场开拓能力不强，遏制了产业化发展。

三、发展的前景

中国是世界养鹅大国，且养鹅业迅猛发展，已逐渐成为农民持续增加收入的产业之一，鹅安全生产是今后养鹅业发展的必然趋势。

1. 市场潜力巨大

(1) 国内市场逐步开发　我国南方素有吃鹅的习惯，尤其是广东省有"无鹅不成席"之说。江苏、江西、安徽、浙江、广东等省份都是鹅消费大省，每年消费上亿只肉鹅。现在吃鹅的习惯不再限于南方各省，北方也已出现吃鹅热潮，如北京、辽宁、吉林等省市烤鹅店已出现排队等候就餐的局面。鹅已逐渐成为全国各地人们喜爱的消费食品。

(2) 国际市场鹅产品供不应求　国外普遍认为鹅肉的脂肪、胆固醇含量比鸡、鸭都低，并视其为美味和保健食品。在法国鹅肉价格是鸡肉价格的 3 倍，东欧一些国家鹅肉价格是鸡肉价格的 2 倍。全世界都在重视养鹅，但一些经济发达国家无论是土地还是人力资源，都限制了他们养鹅业的发展，故出现了鹅产品供不应求的局面。

2. 产业结构调整需要　由于养鹅业是当今增幅最大、效益最好的畜禽养殖项目之一，受到了各级政府的重视，纷纷出台了各种奖励政策，保护农民的养鹅积极性。发展好养鹅能带动多方面经济的发展，如饲料工业、食品工业、轻工业、医药、运输业及服务行业等等。

（1）鹅产业是发展畜牧养殖主导产业的有益补充　在不影响主导产业的前提下，把养鹅作为一个重要产业来发展，符合我国大部分地区产业发展战略，是发展畜牧养殖主导产业的有益补充，对加快经济结构调整，增加农民收入，具有积极的推动作用。

（2）养鹅是农村脱贫致富的好路子　一是养鹅成本低，见效快，饲养周期短。二是农民有饲养家禽的技术基础，对规模养鹅技术接受较快，一般农户都可以饲养。

（3）发展鹅产业资源丰富　鹅是草食禽，具有喜水性、食草性和耐寒性的特点，一定范围的水陆运动场和优质牧草是养鹅的必备条件。随着各地引草入田力度的加大，可为养鹅业的发展提供丰富的饲料保障。

第四节　实施鹅安全生产的重要意义

一、有利于发展高效、生态、特色农业

为了实现鹅安全生产，相关养殖企业（户）就必须从种源、饲料、养殖、加工等各个环节入手，做到生产的科学性、规范性、高效性以及安全性，实现产品的"绿色"、无公害。这样就势必要求企业高效生产、生态健康养殖，符合国家大力发展高效、生态养殖的大方向。同时，人们对多元化消费需求日益重视，为了赢得市场，赚取更多的利润，企业也会积极从事特色鹅产品的生产。

二、有利于发展无污染的优质营养类食品

畜禽产品竞争的核心是质量竞争，且国家对畜禽产品安全监管甚严，这些都要求鹅生产的经营实体更加注重鹅的品质。为此，他们会以鹅安全生产为契机，迎合消费者的饮食文化为经营

方向，大力发展无害化、多样化、优质化的产品，在业内建立起一种新的肉鹅生产理念，使肉食产品结构更加完善，从而在发展无污染的优质营养类食品的同时，也有利于企业、行业、社会的多元发展。

三、有利于发展优质的畜禽产品加工业

目前鹅的初级产品多，深加工产品较少，制约了鹅生产的发展。优质肉鹅适宜加工成各具特色的中高档系列食品，能满足不同层次消费者的需要。生产安全的优质肉鹅有利于拓宽禽产品市场，经深加工后，扩大产品市场，增加产品销售渠道，销量和经济效益可望大幅度增加，使养鹅业与二、三产业有机地结合起来，并带动运输业、包装业、加工业、餐饮业的发展，有利于形成肉鹅生产、加工和销售为一体的生产模式，可产生巨大的滚动增值效益。

四、有利于增强国际竞争力

我国加入WTO后，出口的"关税壁垒"已转换为"绿色壁垒"，发展绿色畜牧业已成为我国畜牧产业进入国际市场的必备条件，走绿色之路，是畜禽产业的必然选择。所以开发生产无公害的绿色优质鹅，不仅可以满足国内市场的需求，而且是进入国际市场的必备条件。

第五节 鹅安全生产的技术要求

一、饲养环境的要求

1. 鹅场外部环境的基本要求 要使鹅达到无公害安全生产

的标准，鹅场选址必须科学、合理，详细考察周边环境。鹅场所处位置应该达到以下条件：周围 3 千米范围内，没有产生污染的大型化工厂、矿场、畜牧场、屠宰场等污染源；距干线公路 1 千米以上，距离村镇居民点 1 千米以上；利用地表水，上游不得有任何污染源；通风透气良好，排水方便，场内土质最好为自净能力强的沙壤土；水源充足，电力方便。

2. 鹅场内部环境的基本要求　要使鹅场达到无公害安全生产的标准，内部布局必须合理，主要目的是防止疫病的传播和交叉感染，减少应激致病因素。

（1）饲料生产区（库房）、办公（生活）区、养殖区、粪便堆积处理区要严格分开，之间设隔离墙或绿化带，粪便污物堆集处理区距离养殖区应不少于 150 米。

（2）污道和净道分开，也就是运送饲料的道和清理粪便的道要分开，不能交叉。

（3）养殖区内，种鹅舍、孵化室、育雏舍、育成舍、商品鹅舍之间应分开，并保持适当距离，彼此之间应不少于 15 米。

（4）鹅舍、陆上运动场、水上运动场组成一个完整的鹅的生活单元（或称养殖单元），其面积的大致比例是 1：3：2，且运动场有 15°～30°的倾斜度。

3. 温度、湿度、光照的要求　雏鹅体温调节机能不完善，御寒能力差，育雏期间要注意鹅舍温度保持正常且相对恒定，以使雏鹅有规律地吃食、饮水、排便、休息，育雏期较为适宜的鹅舍温度为：第 1 周龄 30～32℃，第 2 周龄、第 3 周龄、第 4 周龄分别比前 1 周龄低 2～3℃。在育雏阶段鹅舍内相对湿度应保持在 55%～65%。雏鹅对光照同样也有要求：第 1 周龄保持光照 23～24 小时，以后每周减少 2 小时，直至减到每天光照保持 14 小时为止。待雏鹅进入育成、育肥期后，对温度、湿度、光照的要求不很严格。

二、设施设备的要求

1. 建筑要求 鹅舍朝向以坐北朝南最佳。鹅舍要建在水上运动场的北面，使鹅舍的大门正对水面向南开放。这种朝向的鹅舍，冬季采光面积大、吸热保温好；夏季又不受太阳直晒、通风好，具有冬暖夏凉的特点，有利于鹅的产蛋和生长发育。在找不到朝南的合适舍址时，朝东南或朝东也可以考虑，绝对不能朝西或朝北建造鹅舍，因为这种鹅舍，夏季迎西晒太阳，使舍内闷热，不但影响产蛋和生长，而且还会造成鹅中暑死亡；冬季招迎西北风，舍温低，鹅耗料多、产蛋少，经济效益差。

2. 设备要求 为了更好地进行鹅安全生产，就必须按鹅安全生产的要求来选择设备，使不同品种的鹅能在良好的饲养条件下健康生长。这些饲养设备包括除鹅饲养设备、种蛋孵化设备、饲料加工设备、粪污处理等辅助性设备以外，还需要一些安全性设备，如环境质量监控设备、鹅场消毒处理设备等。

三、管理与饲养人员的要求

1. 管理要求 鹅场管理的好坏对鹅场经济效益有很大的影响，为此鹅场必须做好管理工作。一方面要明确岗位设置和岗位职责，按岗位安排人员，按岗位职责要求开展各项工作；另一方面要制订好各项管理措施和奖惩制度。

2. 饲养人员要求 饲养人员素质的高低与鹅安全生产关系相当密切，因此，要做好饲养人员的岗前培训工作，向他们讲授养鹅知识和技术。鹅场必须制订全面具体的操作规程，要求员工严格执行，最大限度地提高生产性能。

四、制度与操作规程建设的要求

一个企业，制度不健全、操作不规范将严重影响其正常运行和发展。对于养鹅场来说，需强化制度与操作规程建设，建立完善的工作制度、技术守则和操作准则等，实现管理制度化，使相关人员知道自己该做什么，不能做什么，以及怎么做等。所以，制度与操作规程建设要遵循监管的公平性、覆盖的全面性、执行的科学性。

五、饲养过程的要求

1. 把好饲料质量关 饲料质量牵涉饲料的转化率、养鹅的安全性以及与之相关的经济效益。在生产实践中，检验饲料质量的好坏，一凭对饲料的感观认识，二靠饲料监测部门的分析化验。通过对饲料原料把关，从养殖源头做好监控工作，为鹅安全生产提供物质基础。

2. 规范养殖技术 为了提高鹅安全养殖水平，应对鹅养殖场的饲养人员进行技术指导和培训，引入鹅生态养殖、高效养殖、健康养殖的运作理念，严格养殖程序，规范养殖操作，为鹅安全生产提供技术支撑。

3. 严格实施疫病防控 鹅场的疫病防控工作是一项复杂的系统工程，它涉及从生产到销售、从场内到场外以及全场的工作人员，因此，必须把防疫原则、防疫制度贯穿于每一个环节，严格规程操作，避免疫病的发生，提升鹅肉等产品的安全性。

第二章
鹅场建设

第一节 环境要求与控制

一、环境要求

1. 鹅场环境质量要求

（1）鹅场环境卫生质量要求 规模较大的鹅场分为生活办公区、生产区和污物处理区三个功能区。鹅场净道和污道应分开，防止疾病传播。鹅舍墙体坚固，内墙壁表面平整光滑，墙面不易脱落，耐磨损，耐腐蚀，不含有毒有害物质。舍内建筑结构应利于通风换气，并具有防鼠、防虫和防鸟设施。鹅场周边环境、鹅舍内空气质量应符合国家农业行业标准（表2-1、表2-2）。

表2-1 畜禽场空气环境质量要求

项 目	缓冲区	场 区	禽 舍	
			雏禽	成禽
氨气（毫克/米³）	2	5	10	15
硫化氢（毫克/米³）	1	2	2	10
二氧化碳（毫克/米³）	380	750	1 500	1 500
可吸入颗粒物（毫克/米³）	0.5	1	4	4
总悬浮颗粒（毫克/米³）	1	2	8	8
恶臭（稀释倍数）	40	50	70	70

表2-2 舍区生态环境质量要求

项　目	禽　舍	
	雏禽	成禽
温度（℃）	21～27	10～24
相对湿度（%）	75	75
风速（米/秒）	0.5	0.8
光照度（勒克斯）	50	30
细菌（个/米^3）	25 000	25 000
噪声（分贝）	60	80
粪便含水率（%）	65～75	65～75
粪便清理	干法	干法

（2）鹅场的土质要求　土壤的透气性、透水性、吸湿性、毛细管特征、抗压性以及土壤中的化学成分等，不仅直接影响鹅场场区的空气、水质和植被的化学成分及生长状态，还可影响土壤的净化作用。适合建立鹅场的土壤应该是透气、透水性强、毛细管作用弱、导热性小、质地均匀、抗压性强的土壤。因此从环境卫生学角度看，选择在沙壤土上建场较为理想。然而，在一定的地区内建场，由于客观条件的限制，选择最理想的土壤不一定能够实现，这就要求人们在鹅舍的设计、施工、使用和其他日常管理上，设法弥补当地土壤的缺陷。

（3）鹅场绿化　鹅场绿化应选择种植适合当地生长，对人畜无害的花草树木，绿化率不低于30%。树木与建筑物外墙、围墙、道路边缘及排水明沟边缘的距离应不小于1米。同时注意实行种养结合，种植业的农产品作为养鹅的饲料来源，鹅粪作为种植业的肥料，以实现种养结合的生态养殖模式。

2. 防疫卫生要求

（1）卫生制度健全

环境卫生：保持陆上运动场和舍内清洁卫生，天天打扫粪便，清除杂物、疏通排渍，创造一个清洁、臭味小的生活环境。水上运动场以流水为佳，以水池为运动场的要经常换新鲜水，防水腐臭和硬化。工作人员进出均要消毒。

饲料、饮水无污染：鹅是水禽，既爱水又怕湿，且喜乱啄，成群活动能力强，极易造成饲料和水污染。因此，养鹅时应注意饲料饮水的卫生，少喂勤添，以粪便保持结而不散、湿而不稀的柔软颗粒状为宜。及时清除积在凹地里的污水或污染过的水、料，避免鹅啄食后造成拉稀或引发大肠杆菌病等（夏季尤其重要）。放牧吃杂草的，要在晴天进行。禁喂施农药不足10天的青饲料和发霉变质的精饲料。

粪污的处理：鹅粪污易被植物吸收，可即扫即销，转移利用。对当天不能销售的粪污可用贮粪池贮留或放入沼气池内发酵，然后再作销售。也可通过加入微生物发酵添加剂处理后转化成饲料再利用。

加强防疫：由于鹅群居性强，易感染疾病，且病后治疗价值低。应加强鹅群疾病监测，制订免疫程序，提早预防。定期免疫种鹅群，特别是禽流感、副黏病毒病、鸭瘟、禽霍乱等病的免疫，保证鹅群健康，减少疾病发生。

放牧卫生：雏鹅群放牧应选择阳光温和、地面干燥，无风或少风的中午和下午放牧。中午阳光太烈或天气闷热、下暴雨等不放牧。成鹅和种鹅的放牧则应根据体质、采食、天气等情况决定是全天放牧还是半天放牧。禁止在暴雨后的溪流、小河、水库里放牧，以防被洪水冲走或被水中夹杂的硬物碰撞而导致死伤。

运输卫生：调进或调出鹅苗时，应对装载工具进行消毒，如用消特灵给运输车辆消毒。用紫外线或烈日暴晒消毒装鹅苗用的新纸箱和竹筐等。冬季运输鹅苗时应盖顶，以防寒风持久袭击雏鹅；夏季运鹅苗时要防中暑等病，适宜晚上运输。雏鹅运到目的地后，应先停10分钟左右再卸车，放入消毒好的育雏室休息，过半小时左右先潮水、后给料，再给多维素饮水。注意观察暴饮暴食的雏鹅和不会饮水的雏鹅，及时处理。

（2）消毒工作要制度化　建立严格的消毒制度，定期对鹅舍及用具、环境进行消毒。消毒前先清扫冲洗，待干后，再用药物消毒。做到三天一次小消毒，七天一次大消毒，控制微生物病源生长。如用0.3%新洁尔灭、0.1%消特灵、0.3%百毒杀等药物浸泡消毒料槽、水槽及喷洒场地或带鹅消毒等，但禁用干的生石灰或草木灰撒场消毒。

（3）免疫预防要制度化　根据当地的疫情，制订切实可行的防疫免疫程序，严格按疫苗的使用操作规程，按时做好免疫注射工作，及时合理地使用药物饮水或拌料喂服，将疫病扑灭在萌芽中。免疫程序可根据各鹅场和当地疫情进行制订，但制订后应严格执行。此外，可在鹅日粮中加入一些穿心莲、蒲公英、地枇杷、鱼腥草等中草药预防鹅病的发生。

二、环境控制

1. 鹅场环境控制

（1）鹅场的消毒　鹅安全生产企业或养殖场须建立严格的消毒制度。定期开展场内外环境消毒、鹅体表消毒、饮用水消毒等消毒工作。进出车辆和人员须严格消毒。常用的消毒药有氢氧化钠（火碱）、过氧乙酸、草木灰、石灰乳、漂白粉、石炭酸、高锰酸钾和碘酊等，不同的消毒药因性状和作用不同，消毒对象和使用方法不一致，药物残留时间也不尽相同，使用时要根据药物特性，保证消毒药安全、高效、低毒、低残留和对人畜无害。

（2）鹅场废弃物的处理

粪尿的处理：鹅场粪尿主要的出路在于作为有机肥用于农田。作为肥料利用，粪尿可用于农田，但被直接利用的部分毕竟有限，且长期堆积，其中的病原菌对人畜环境都有危害，因此，应采取一系列方法综合处理，如将粪尿腐熟堆肥，利用高温杀灭病原菌、用高温烘干作为复合肥料或饲料的原料，利用粪尿中的生物能生产沼气作为能源利用，且沼气发酵残渣可进一步作肥料和饲料、直接燃烧提供热能等。

污水的处理：有物理处理、化学处理和生物处理几种方法。物理处理：利用污水的物理特性，用沉淀法、过滤法和固液分离法将污水中的有机物等固体物分离出来，经两级沉淀后的水可用于浇灌果树或养鱼。化学处理：将鹅场污水用酸碱中和法进行处理后再加入胶体物质使污水中的有机物等相互凝结而沉淀，或直接向污水中加入氯化消毒剂生成次氯酸而进行消毒。生物处理：利用污水生产沼气或用微生物分解氧化污水中的有机物达到净化的目的。无论采用哪一种处理方法，都必须使处理后的粪尿污水低于或等于相关的国家标准与规定。

尸体和垫料的处理：尸体或死胚腐败分解产生臭气，若为传染病死亡的鹅必须经100℃高温消毒处理或直接与垫料一起在焚烧炉中焚烧。孵化后的死胚可与粪尿一起堆肥作肥料。无论何种处理方法，运输死鹅或死胚的容器应便于消毒密封，以防在运送过程中污染环境。

2. 环境监测

（1）水质监测　水质检测应在选择鹅场时进行，主要根据水源而定。若用地下水，应测定感官性状（颜色、浊度和臭味等）、细菌学指标（大肠菌群数和蛔虫卵）和毒理学指标（氟化物和铅等），不符合鹅安全生产标准时，则应采取沉淀和加氯等措施。鹅场水质每年检测 1～2 次。

（2）空气监测　鹅场及鹅舍内空气的监测除常规的温湿度监测外，还须涉及氨气、硫化氢、二氧化碳、悬浮微粒和细菌总数。必要时还须不定期地检测臭气的含量。

（3）土壤监测　土壤检测在建场时即进行，之后可每年对土壤浸出液检测 1～2 次，测定内容包括硫化物、氯化物、铅、氮化物等。

第二节 鹅场的规划与布局

一、建场程序及依据

1. 建场程序 首先，应进行鹅场建设的前期市场调研和可行性论证；其次，依据鹅场建设的规模设计鹅场的布局；接着，选择有利地形按照建设规划和布局建设鹅场；最后，完善鹅场辅助性设施建设。

2. 建场依据 应遵循国家相关的法律、法规、标准，具体说来主要是《中华人民共和国动物防疫法》、《中华人民共和国畜牧法》、畜禽场环境质量标准（NY/T 388—1999）、农产品安全质量 无公害畜禽产地环境要求（GB 18407.3）、大气污染物综合排放标准（GB16297—1996）、无公害食品畜禽场环境质量标准（NY/T 388）等，按其有关要求做好鹅场建设。

二、鹅场的规划与设计

1. 鹅场的选址

（1）鹅场应建在隔离条件良好的区域 鹅场周围3千米内无大型化工厂、矿场、屠宰场、肉品加工厂、其他畜牧场等污染源。鹅场距离干线公路、学校、医院、乡镇居民区等设施至少1千米以上，距离村镇居民点1千米以上。鹅场不允许建在饮用水源的上游或食品厂的上风向。

（2）水源充足，水活浪小 鹅日常活动与水有密切关系，洗澡、交配都离不开水。水上运动场是完整鹅舍的重要组成部分，所以养鹅的用水量特别大，要有廉价的自然水源，才能降低饲养成本。选择场址时，水源充足是首要条件，即使是干旱的季节，也不能断水。通常将鹅舍建在河湖之滨，水面尽量宽阔，水活浪小，水深为 1~2 米。如果是河流交通要道，不应选主航道，以免搔扰过多，引起鹅群应激。最好鹅场内建有深井，以保证水源和水质。

（3）交通方便，不紧靠码头　鹅场的产品、饲料以及各种物资的进出，运输所需的费用相当大，因此要选在交通方便的地方建场，尽可能距离主要集散地近些，以降低运输费用，但不能在车站、码头或交通要道（公路或铁路）的附近建场，以免给防疫造成麻烦，而且，环境不安静，也会影响产蛋。

（4）地势高燥，排水良好　鹅场地势要稍高一些，且略向水面倾斜，最好有 5°~10° 的坡度，以利排水；土质以沙质壤土最适合，雨后易干燥，不宜在黏性过大的土上建造鹅场，以防雨后泥泞积水。尤其不能在排水不良的低洼地建场，以免雨季到来时，鹅舍被水淹没，造成损失。

除上述四个方面外，还有一些特殊情况也要予以关注，如在沿海地区，要考虑台风的影响，经常遭受台风袭击的地方和夏季通风不良的山凹，不能建造鹅场；尚未通电或电源不稳定的地方不宜建场。此外，鹅场的排污、粪便废物的处理，也要通盘考虑，做好周密规划。

2. 鹅场的规划　鹅场通常分为生活办公区、生产区和污物处理区等功能区。生活办公区主要包括职工宿舍、食堂等生活设施和办公用房；生产区主要包括更衣消毒室、鹅舍、蛋库、饲料仓库等生产性设施；污物处理区主要包括腐尸池以及符合环保要求的粪污处理设施等。

鹅场功能区必须分区规划，要从人禽保健的角度出发，以建立最佳生产联系和卫生防疫条件为目的来合理安排各区位置。要将生活办公区设在全场的上风向和地势较高处，并与生产区保持一定的距离。生产区即鹅饲养区，是鹅场的核心，应将它设在全场的中心地带，位于生活办公区的下风向或平行风向，而且要位于污物处理区的上风向。污物处理区应位于全场的下风向和地势最低处，与鹅舍要保持一定的间距，最好还要设置隔离屏障。鹅场规划如图 2-1 所示。

图 2-1 鹅场按地势、风向分区规划示意图

3. 鹅场的布局 合理设计生产区内各种鹅舍建筑物及设施的排列方式、朝间、相互之间的间距和生产工艺的配套联系是鹅场建筑布局的基本任务。布局的合理与否，不仅关系到鹅场的生产联系和管理工作、劳动强度和生产效率，也关系到场区和每幢房舍的小气候状况，以及鹅场的卫生防疫效果。

（1）排列 生产区建筑物的排列形式，应根据当地气候、场地地形、地势、建筑物种类和数量，尽量做到合理、整齐、紧凑、美观。鹅舍群一般横向成排（东西），纵向呈列（南北），称为行列式，即鹅舍应平行整齐呈梳状排列，不能相交。超过两栋以上的鹅舍群的排列要根据场地形状、鹅舍的数量和每栋鹅舍的长度，酌情布置为单列式、双列式或多列式。如果场地条件允许，应尽量避免将鹅舍群布置成横向狭长或纵向狭长状，因为狭长形布置势必造成饲料、粪污运输距离加大，饲养管理工作联系不便，道路、管线加长，建场投资增加。如将生产区按方形或近似方形布置，则可避免上述缺点。如果鹅舍群按标准的行列式排列与鹅场地形地势、当地的气候条件、鹅舍的朝向选择等发生矛盾时，可以将鹅舍左右错开、上下错开排列，但仍要注意平行的原则，不要造成各舍相互交错。例如，当鹅舍长轴必须与夏季主风向垂直时，上风向鹅舍与下风向鹅舍可左右错开呈"品"字形排列，这就等于加大了鹅舍间距，有利于鹅舍的通风；若鹅舍长轴与夏季主风方向所成角度较小时，左右列可前后错开，即顺气流方向逐列后错一定距离，也有利于通风。

（2）朝向　鹅舍的朝向应根据当地的地理位置、气候环境等来确定。适宜的朝向要满足鹅舍日照、温度和通风的要求。鹅舍建筑一般为矩形，其长轴方向的墙为纵墙，短轴方向的墙为山墙（端墙）。由于我国处在北半球，鹅舍应采取南向（即鹅舍长轴与纬度平行）。这样，冬季南墙及屋顶可最大限度地收集太阳辐射以利防寒保温，有窗式或开放式鹅舍还可以利用进入鹅舍的直射光起一定的杀菌作用；而夏季则避免过多地接受太阳辐射热，引起舍内温度增高。如果同时考虑当地地形、主风向以及其他条件的变化，南向鹅舍可做一些朝向上的调整，向东或向西偏转 $15°\sim30°$。南方地区从防暑考虑，以向东偏转为好，而北方地区朝向偏转的自由度可稍大些。

传统的鹅舍需要设置陆上和水上运动场，这使得鹅舍之间必定有足够的间距。而完全舍饲的鹅舍，舍间间距必须认真考虑。鹅舍间距大小的确定主要考虑日照、通风、防疫、防火和节约用地。必须根据当地地理位置、气候、场地的地形地势等来确定适宜的间距。如果按日照要求，当南排鹅舍高为 H 时，要满足北排鹅舍的冬季日照要求，在北京地区，鹅舍间距约需 $2.5H$，黑龙江的齐齐哈尔地区约需 $3.7H$，江苏地区约需 $1.5\sim2H$。若按防疫要求，间距为 $3\sim5H$ 即可。鹅舍的通风应根据不同的通风方式来确定适宜间距，以满足通风要求。若鹅舍采用自然通风，间距取 $3\sim5H$ 既可满足下风向鹅舍的通风需要，又可满足卫生防疫的要求；如果采用横向机械通风，其间距也不应低于 $3H$；若采用纵向机械通风，鹅舍间距可以适当缩小，$1\sim1.5H$ 即可。鹅舍的防火间距取决于建筑物的材料、结构和使用特点，可参照我国建筑防火规范。若鹅舍建筑为砖墙、混凝土屋顶或木质屋顶并做吊顶，耐火等级为 2 级或 3 级，防火间距为 $8\sim10$ 米（$3H$）。

总的看来，鹅舍间距不小于 $3\sim5H$ 时，可以基本满足日照、通风、卫生防疫、防火等要求。

三、鹅舍的类型和结构

1. 孵化室建设 孵化室是养鹅场的重要组成部分，应与外界保持可靠的隔离，应有专门的出入口，与鹅舍的距离至少应有 150 米，以免来自鹅舍的病原微生物横向传播。孵化室应具有良好的保温性能，外墙、地面要进行保温设计。孵化室要有换气设备，保证氧分压，使二氧化碳的含量低于 0.01%。

2. 育雏舍建设 4 周龄前的雏鹅绒毛稀少，体温调节能力差，故雏鹅舍要求温暖、干燥、空气新鲜且没有贼风。舍内可设保温伞，伞下每平方米可容 10~15 只雏鹅。采光系数（窗户有效采光面积与舍内地面面积的比值）为 1∶10~15，南窗应比北窗大些，有利于保温、采光和通风。为防兽害，所有的窗户及下水道外出口应装有防兽网。每栋育雏舍的有效育雏面积以 250~300 米^2 为宜。为了便于保温和饲养管理，育雏舍内应再分隔为若干小间或栏圈，每间的面积在 25~30 米^2。育雏舍地面最好用水泥或砖铺成，以便清洗和消毒。舍内地面应比舍外高 20~30 厘米，以便排水，保证舍内干燥。因为鹅早期的生长发育很快，4 周龄体重可达成年体重的 40%，因此育雏密度在这一时期也要精心设计。一般采用地面平养时，1 周龄雏鹅的饲养密度为 15 只/米^2，2 周龄为 10 只/米^2，3 周龄为 7 只/米^2，4 周龄为 5 只/米^2；网上平养饲养密度可略增加些。育雏舍的南向舍外可设雏鹅运动场，运动场应平整、略有坡度，以便雏鹅进行舍外活动及作为晴天无风时的舍外喂料场。运动场外侧设浅水池，水深 20~25 厘米，供幼雏嬉水。育雏舍的建筑设计具体布置如图 2 - 2、图 2 - 3 所示。

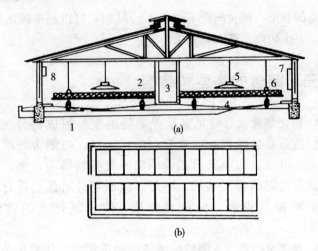

图 2-2　网养雏鹅舍示意图

(a) 剖面图　　(b) 平面图

1. 排水沟　2. 铁丝网　3. 门　4. 集粪池　5. 保温伞　6. 饮水器　7、8. 窗

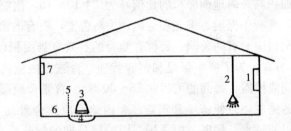

图 2-3　地面平养雏鹅舍示意图

1、7. 窗　2. 保温伞　3. 饮水器　4. 排水沟　5. 栅栏　6. 走道

3. 育成鹅舍建设　育成鹅的生活力较强，对温度的要求不如雏鹅严格，而且鹅是耐寒不耐热的动物，所以育成鹅舍的建筑结构简单，基本要求是能遮挡风雨、夏季通风、冬季保温、室内干燥。采光系数比雏鹅舍大些，窗口可以开得大些。鹅舍内可分为几间，每间饲养育成鹅 100～200 只。鹅舍面积按 4～5 只/米^{2}计。这一时期是鹅长骨架、长肌肉、换羽且机体各个器官发育成

熟的时期,鹅群需要相对多的活动和锻炼。因此育成鹅舍应设有陆上运动场,面积为鹅舍的 2~3 倍,坡度一般为 15°~30°,运动场同水面相连,随时可将鹅群放到水上运动场活动。水上运动场可利用天然无污染水域,也可建造人工水池。人工水池的面积为鹅舍的 2 倍,水深 1~1.5 米。陆地和水上运动场周围均需建围栏或围网,围高 1~1.2 米。

4. 种鹅舍建设 种鹅舍对保温、通风和采光要求高,还需要补充一定的人工光照。窗与地面面积比要求为 1:10~12,如果在南方地区南窗应尽可能大些,离地 60~70 厘米以上大部分做成窗,北窗可小些,离地约 100~120 厘米。舍内地面用水泥或砖铺成,并有适当坡度,饮水器置于较低处,并在其下面设置排水沟。较高处一端或一侧可设产蛋间、产蛋栏或产蛋箱,在地面上铺垫较厚的塑料或稻草供产蛋之用。鹅舍面积按大型品种 2~2.5 只/米^2、中小型品种 3~3.5 只/米^2 计。种鹅必须有水面供其洗浴、交配,因此也应建有陆地和水上运动场,要求同育成鹅舍。水上运动场可以是天然的河流或池塘,也可挖人工水池,池深 0.5~0.8 米,池宽 2~3 米,用砖或石块砌壁,水泥抹面,墙面防止漏水。在水池和下水道连接处置一个沉淀井,在排水时可将泥沙、粪便等沉淀下来,以免堵塞排水道。

种鹅舍应建在靠近水面且地势高燥之处,要求通风良好。具体建筑和内部布置如图 2-4、图 2-5 所示。

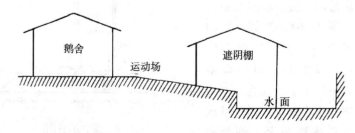

图 2-4 种鹅舍示意图

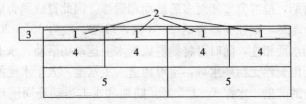

图 2-5 种鹅舍平面图

1. 鹅舍 2. 产蛋箱 3. 工具室 4. 运动场 5. 水池

5. 肉用仔鹅舍和填肥鹅舍建设 肉用仔鹅舍和填肥鹅舍结构相似，多采用完全舍饲的方式，分为地面或网上饲养，目前也有笼养的。其结构按鹅舍跨度的大小设为双列式或单列式，每列再隔出若干小栏，每小栏 15 米² 左右。采用网上饲养时棚架离地面约 0.6~0.7 米，这类鹅舍窗户可以小些，采光系数为 1∶15。饲养密度一般为 4 只/米² 左右。

第三节 鹅场的设备及用具

一、保温设备

雏鹅对温度的要求较高，因此要对雏鹅采取保温措施。保温设备和用具，各地、各场可以根据自己的条件和特点选择使用。

1. 煤炉 煤炉是育雏时最常用、最经济的加温设备（图 2-6）。类似火炉的进风装置，进气口设在底层，将煤炉的原进风口堵死，另装一个进气管，其顶部加一小块铁皮，通过铁皮的开启来控制火力调节温度。炉的上侧装一排气烟

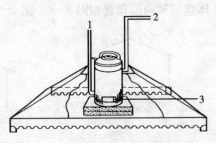

图 2-6 煤炉示意图

1. 进气孔 2. 排气孔 3. 铁皮炉门

管，通向室外，管道在室内所经过的路径越长，热量利用越充分。此法多用来提高室温，采用煤炉时要确保排气烟管密封严实，并经常开启门窗，加强室内通风，防止一氧化碳中毒。

2. 热风炉　热风炉是以空气为介质，以煤或油为燃料的一种供热设备，其结构紧凑，热效率高，运行成本低，操作方便，广泛运用于大规模育雏。使用时，点燃煤或油，随着火势逐渐加大，适当关小风机调节阀，开大自鼓风阀，强制鼓风，炉温迅速升高。待达到正常温度要求（70～90℃），即可将风机调节阀、自鼓风阀复至常规位，扳开关到自动。适时看火、加煤（油）、取渣，维持正常燃烧。若要停烧，停止加煤（油）即可。停止加煤（油）后，风机仍会适时开启，将炉内余热排尽，保证炉体不过热，设定温度之下仍可用强制鼓风维持炉体缓慢降温，直至较低温度（45℃以下）拉闸停炉。全自动型具有自动控制环境温度、进煤数量、空气输入、热风输出、自动保火、报警及高效除尘等性能特点。图2-7为GRF-10龟式热风炉的示意图。

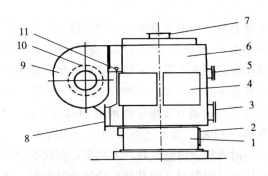

图2-7　GRF-10龟式热风炉
1. 炉座　2. 出渣口　3. 加煤口　4. 侧清烟　5. 前清烟　6. 炉体
7. 烟囱　8. 热风出口　9. 风机　10. 风机调节阀　11. 自鼓风阀

3. 红外线灯　常用的红外线灯泡为250瓦，使用时可等距离在舍内排成一行，也可以3～4个红外线灯泡组成一组（图2-8）。雏鹅对温度要求较高，第一周灯泡离地面35～45厘米，随雏龄增大，对温度的要求逐渐降低，灯泡离地面的距离逐渐增大。一般使用3周后，灯泡离地面60厘米左右。在实际生产过程中，常根据环境温度、饲养的密度进行调整，当雏鹅在灯下的分布比

图2-8 红外线灯围篱育雏

较均匀时，表示温度适中，距离合适；当雏鹅集中在灯下并扎堆时，表示温度不足，则需将灯泡的高度降低；当雏鹅远离热源，饮水量加大，表示温度过高，则提高灯泡高度或者关闭灯泡一段时间。利用红外线灯泡加温，保温稳定，室内干净，垫草干燥，管理方便，节省人工。但红外线灯耗电量大，灯泡易损坏，成本较高，供电不正常的地方不宜使用。

4. 育雏伞 各种类型育雏伞外形相同，都为伞状结构，热源大多在伞中心，仅热源和外壳材料不同，具体可根据当地实际择优选用。

（1）电热育雏伞 电热育雏伞呈圆锥塔或棱锥塔形，上窄下宽，直径分别为30厘米和120厘米，高70厘米，采用木板、纤维板、金属铝薄板制成伞罩，夹层填玻璃纤维等隔热材料，用于保温。伞内壁有一圈电热丝，伞壁离地面20厘米左右挂一温度计以掌握温度，通过调节育雏伞离地面的高度来调节伞下温度，每只伞可育300～400只雏鹅（图2-9）。采用电热育雏伞加温可节省劳力，同时育雏舍内空气好，无污染，但耗电较多，经常断电的地方使用时受到限制，而且没有余热升高室温，故在冬季育雏时应有炉子辅助保温。

（2）燃气育雏伞 由燃气供暖的伞形育雏器，适合于燃气充足地区，与电热育雏伞形状相同，内侧上端设喷气嘴，使用时须悬挂在距地面0.8～1.0米。

（3）煤炉育雏伞 由煤炉供暖的伞形育雏器，适合于电源不

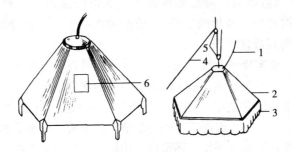

图 2-9 电热育雏伞

1. 电线 2. 伞罩 3. 软围裙 4. 悬吊绳 5. 滑轮及滑轮线 6. 观察孔

足地区。伞罩为白铁皮，伞中心为煤炉，煤炉底部垫砖块以防引燃垫料，以调节煤炉进气孔的大小来调节温度，炉上端设一排气管将有害气体导出室外，在距煤炉15厘米处设铁网以防雏鹅接近。

5. 降温系统 当舍内温度过高时，特别是炎热的夏天，就需要对鹅舍进行降温，防止过热对鹅产生应激。目前主要有以下几种降温系统。

（1）冷风机 具有降温效果好、湿润净化空气、噪声低、制冷快、操作方便、省电等优点。

（2）湿帘降温系统 该系统主要由湿帘与风机配套构成。湿帘分为普通型介质和加强型介质两种。普通型介质由波纹状的纤维纸黏结而成，通过在造纸原材料中加入特殊的化学成分，采用特殊的工艺处理而制成，具有耐腐蚀、高强度、使用寿命长的特点。加强型介质是通过特殊的工艺在普通型介质的表面加上黑色硬质涂层，使纸垫便于刷洗消毒，有效地解决了空气中各种飞絮的困扰，遮光、抗鼠。湿帘降温系统是利用热交换的原理，给空气加湿和降温。通过供水系统将水送到湿帘顶部，进而将湿帘表面湿润，当空气通过潮湿的湿帘时，水与空气充分接触，使空气的温度降低，降温效果显著，夏季可降温 5～

8℃，且气温越高，降温幅度越大。湿帘降温系统投资少，耗能低，被称为"廉价的空调"。使鹅舍内空气清新、降温均衡、湿度可调到最佳状态。

（3）喷雾降温系统　该系统由连接在管道上的各种型号的雾化喷头、压力泵组成，是一套非常高效的蒸发系统。它通过高压喷头将细小的雾滴喷入鹅舍内，热能随着水的蒸发而把能量带走，数分钟内可将温度下降到一定值。由于所喷细小雾滴被空气吸收，保持了地面干燥，还可同时用作消毒。由于该系统能高效降温，因此可减少通风量以节约能源。该系统具有夏季降温、除尘、加湿、环境消毒、清新空气的特点，可全年使用。

二、饲喂设备

1. 喂料设备　雏鹅转入育成期以后，喂料设备随之改为料桶、料箱或更为方便的链板式喂料器、螺旋式喂料器。喂料箱可以由木板或铝合金做成，一般长度为 1.5～2 米，可常备饲料，节省人工，鹅采食均匀，尤其适于饲喂颗粒料。链板式喂料器是通过机器带动料槽里的链条移动而带动饲料的移动，逐渐在料槽里填满饲料。螺旋式喂料器由料盘、贮料桶与采食栅等部分组成（图 2-10）。一般料桶高 40 厘米，直径 20～25 厘米，料盘底部直径 40 厘米，边高 3 厘米。这种喂料器能盛放较多的饲料，并且饲料随鹅采食自动下

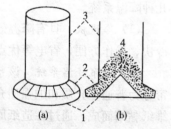

图 2-10　螺旋式喂料器
（a）立体图　（b）剖面图
1. 料盘　2. 采食栅
3. 贮料桶　4. 饲料

行。为了防止鹅大口采食饲料时将饲料溅出而造成浪费，故设采食栅罩在料盘上。一般 30～50 只鹅配一个喂料器。

2. 饮水设备　养鹅用的饮水器式样较多（图 2-11），多为

塑料制成，已形成规模化产品。最常见的是吊塔式饮水器、钟式饮水器。也可以用无毒的塑料盆或其他材料的广口水盆，但必须注意，在盆口上方加盖罩子（可用竹条、粗铁丝或塑料网制成），以防鹅在饮水时跳入水盆中洗澡，污染饮用水。

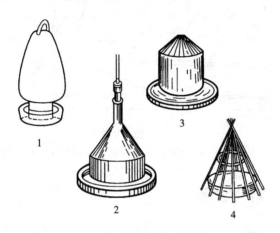

图 2-11 各种式样的饮水器
1. 钟式饮水器 2. 吊塔式饮水器 3. 铁皮饮水器 4. 陶钵加竹圈

3. 填饲机械 填饲机械通常分为手动填饲机和电动填饲机两类。

（1）**手动填饲机** 手动填饲机因填饲的鹅体大小而有多种规格，主要由料箱和唧筒两部分组成。填饲嘴上套橡皮软管，其内径为 1.5～2 厘米，管长为 10～13 厘米。手动填饲机结构简单，操作方便，适用于小型鹅场。

（2）**电动填饲机** 电动填饲机因推动填料的动力方式而分为螺旋推运式和压力泵式。前者利用小型电动机，带动螺旋推运器，推动饲料经填饲管填入鹅食道，适用于填饲整粒玉米，效率较高，多在生产鹅肥肝时使用。后者利用电动机带动压力泵，使饲料通过填饲管进入鹅食道，采用尼龙或橡胶制成的软管作填饲管，不易造成鹅咽喉和食道的损伤，也不必多次向鹅食道推送饲料，生产效率较高，适合于填饲糊状饲料，多用于烤鹅填饲。图2-12为卧式填饲机。

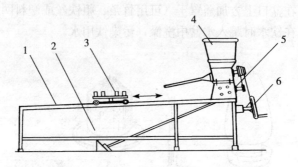

图2-12 卧式填饲机

1.机架 2.脚踏开关 3.固禽器 4.饲喂漏斗 5.电动机 6.手摇皮带轮

三、孵化设备

1. 孵化箱

（1）箱式立体孵化器 箱式立体孵化器采用集成电路控制系统，在我国应用较广，其类型多，按出雏方式分为下出雏、旁出雏、孵化出雏两用和单出雏等，也可按活动转蛋车分为八角式、跷板式和滚筒式。其中旁出雏和下出雏孵化器只能同机分批出雏，孵化量少，且初生雏污染未出雏胚蛋，不利于防疫，而孵化出雏两用类型可分批或整批入孵。单出雏孵化和出雏两机分开，分别放置于孵化室和出雏室（图2-13），有利于卫生防疫，可整批或分批入孵。

（2）巷道式孵化器 巷道式孵化器容量可达8万～10万只，其孵化和出雏两机分开，分别放置于孵化室和出雏室，采用分批入孵和分批出雏。与箱式立体孵化器相比，巷道式孵化器占地面积小，箱体内温度呈梯度变化，控温加湿转蛋准确可靠，目前我国已能自行生产这种孵化器（图2-14）。

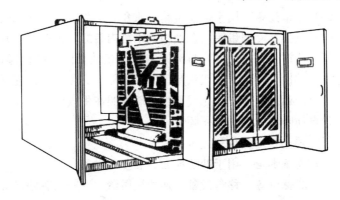

图 2 - 13　箱式立体孵化器

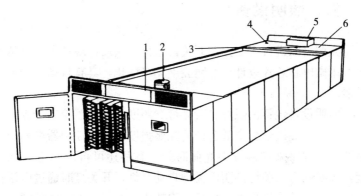

图 2 - 14　巷道式孵化器

1. 电控部分　2. 出气孔　3. 供湿孔　4. 压缩空气　5. 进气孔　6. 冷却水入口

（3）智能孵化器　我国自 1999 年起已能生产全自动智能孵化器，该类机型能自动控制温度、湿度、风门和转蛋，还具有记忆查询、变温孵化和密码保护等功能，是今后孵化器的主要机型，并会向节能化方向发展。

2. 孵化配套设备

（1）发电机　用于停电时发电。

（2）水处理设备　孵化用水量大，水质要求高，水中所含矿物质等沉淀物易堵塞加湿器，须有过滤或软化水的设备。

（3）运输设备　用于运输蛋箱、雏盒、蛋盘、种蛋和雏鹅。

（4）照蛋器　照蛋箱，在纸箱或木箱内装灯，箱壁四周开直径 3 厘米孔；台式照蛋器，灯光眼与蛋盘蛋数相同，整盘操作，速度快，破损少；单头或双头照蛋器；手提多头照蛋灯，逐行照蛋，快速准确；照蛋车，光线通过玻璃板照在蛋盘内蛋上，由真空装置自动吸出无精蛋或死胚蛋。

（5）孵化专用蛋盘和蛋车。

（6）高压水枪　用于冲洗地面、墙壁和设备。

（7）其他设备　移盘设备、连续注射器、专用的雏鹅盒等。

四、照明设备

光照可以进行人工控制开关，但比较繁琐，现在大型养殖场多采用微电脑芯片设计，照明亮度无级变化，具有自动测光控制功能。

照明设备包括白炽灯、荧光灯、照度计和光照控制器等。其中照度计主要用于测定鹅舍内的光照强度。光照控制器可利用定时器自编程序来控制舍内光照时间，有些还可自动测定光照强度，天明则自动关灯，阴雨天则自动开灯，开关灯时通过电压自动调节光照的明暗程度，延长灯泡使用寿命，也不惊吓鹅群。

五、通风设备

鹅舍通风除了经常开启门窗进行自然通风外，还可以通过风机、风扇等设备进行送排风，将舍内污浊的空气排出、将舍外清新的空气送入舍内或用于舍内空气流动。

1. 排风机　目前适用于我国鹅舍的通风风机型号较多，可选择合适的机型安装在鹅舍的任何地方。风机叶片可双向旋转，向顺时针方向旋转时送入舍内新鲜空气，向逆时针方向旋转时则排出舍内污浊的空气。

2. 风扇　常见的落地式、台式或壁式风扇都适于鹅舍使用。风扇所产生的气流形式适合于鹅舍的空气循环，一方面气流直冲向地面，吹散了上下冷热空气的层次，从而使垂直方向的温度梯度缩小了许多；另一方面径向轴对称的地面气流可以沿径向吹送到鹅舍的每个角落。功率较大的吊扇在低速情况下，可以使得暖气流均匀地散到鹅舍的每一个地方。如果能使用360°圆周扇，则形成的气流与自然风相似，鹅感觉会更好。

第三章

鹅的良种繁育

第一节　鹅的优良品种

一、鹅的品种分类

根据人们对鹅肉、蛋、肥肝、羽绒等鹅产品的需求，在不同的生态环境和一定的社会经济条件下育成了众多的鹅品种。对这些品种，目前一般按经济用途、体型大小、羽毛颜色等进行分类。

1. 按经济用途分类　根据人们对鹅产品的不同需要，选育了一些优秀的专用品种。如法国的朗德鹅、图卢兹鹅，匈牙利的玛加尔鹅，意大利的奥拉斯白鹅等是进行肥肝生产的专用品种。肉用的如我国的狮头鹅、德国的莱茵鹅等生长速度快，料肉比高，我国的浙东白鹅，不但具有早期生长速度快、料肉比高、耐粗饲等优良特性，还具有肉质细嫩鲜美的独特性状。我国的豁鹅、太湖鹅等是产蛋率高的品种，皖西白鹅是羽绒性状好的专用品种。

2. 按体形大小分类　这是目前最常用的分类方法，根据鹅的体重大小分大型、中型、小型三类。小型品种鹅的公鹅体重为3.7～5.0千克，母鹅3.1～4.0千克，如我国的太湖鹅、乌鬃鹅、永康灰鹅、豁眼鹅、籽鹅等。中型品种鹅的公鹅体重为5.1～6.5千克，母鹅4.4～5.5千克，如我国的浙东白鹅、皖西白鹅、溆浦鹅、四川白鹅、雁鹅等，德国的莱茵鹅等。大型品种鹅的体重为 8 千克以上，如我国的狮头鹅、法国的图卢兹鹅等。

3. 按羽毛颜色分类　按鹅的羽毛颜色不同分为白鹅和灰鹅两大类。在我国北方以白鹅为主，南方灰白品种均有，但白鹅多数带有灰斑，有的如溆浦鹅同一品种中存在灰鹅、白鹅两系。国外鹅以灰鹅占多数。

二、国内鹅的优良品种

我国是世界上鹅品种资源最丰富的国家，列入家禽品种志的鹅品种就有 26 个，这些极具地方特色的鹅品种极大地满足了消费市场需求，鹅遗传资源的多样性和特色性造就了我国鹅种质资源的国际地位，成为可进行鹅品种保护、开发利用及基础研究的少数国家之一。

1. 小型鹅品种

（1）太湖鹅

①产地与分布。原产于江苏、浙江两省沿太湖的县、市，现遍布江苏、浙江、上海，在黑龙江、吉林、辽宁、河北、湖南、湖北、江西、安徽、广东、广西等地均有分布。

②外貌特征。体型较小，全身羽毛洁白，体质细致紧凑。体态高昂，肉瘤姜黄色、发达、圆而光滑，颈长、呈弓形，无肉垂，眼睑淡黄色，虹彩灰蓝色，喙、跖、蹼呈橘红色，爪白色。公鹅喙较短，6.5 厘米左右，性情温顺，叫声低，肉瘤小。

③生产性能。成年公鹅体重 4.33 千克，母鹅 3.23 千克，体斜长分别为 30.40 厘米和 27.41 厘米，龙骨长分别为 16.6 厘米和 14.0 厘米。太湖鹅雏鹅初生重为 91.2 克，70 日龄上市体重为 2.32 千克，棚内饲养可达 3.08 千克。成年公鹅的半净膛率和全净膛率分别为 84.9% 和 75.0%；母鹅分别为 79.2% 和 68.8%。太湖鹅经填饲，平均肝重为 251～313 克，最大达 638

克。母鹅性成熟较早，160 日龄即可开产，一个产蛋期（当年 9 月至次年 6 月）每只母鹅平均产蛋 60 枚，高产鹅群达 80～90 枚，高产个体达 123 枚。平均蛋重 135 克，蛋壳色泽较一致，几 乎全为白色，蛋形指数为 1.44。公母鹅配种比例为 1∶6～7。种 蛋受精率在 90% 以上，受精蛋孵化率在 85% 以上，就巢性弱， 鹅群中约有 10% 的个体有就巢性，但就巢时间短。70 日龄肉用 仔鹅平均成活率在 92% 以上。

（2）豁眼鹅

①产地与分布。又称豁鹅，因其上眼睑边缘后上方有豁口而 得名。原产于山东莱阳地区，因集中产区地处五龙河流域，故曾 名五龙鹅。在中心产区莱阳建有原种选育场。由于历史上曾有大 批的山东居民移居东北时将这种鹅带往东北，因而东北三省现已 是豁眼鹅的分布区，以辽宁昌图饲养最多，俗称昌图豁鹅，在吉 林通化地区，称此鹅为疤拉眼儿鹅。近年来，该品种在新疆、广 西、内蒙古、福建、安徽、湖北等地均有分布。

②外貌特征。体型轻小紧凑，全身羽毛洁白。喙、胫、蹼均 为橘黄色，成年鹅有橘黄色肉瘤。眼三角形，眼睑淡黄色，两眼 上眼睑处均有明显的豁口，此为该品种独有的特征。虹彩蓝灰 色。头较小，颈细稍长。公鹅体型较短，呈椭圆形，有雄相。母 鹅体型稍长，呈长方形。山东的豁眼鹅有咽袋，腹褶者少数，有 者也较小，东北三省的豁眼鹅多有咽袋和较深的腹褶。豁眼鹅雏 鹅，绒毛黄色，腹下毛色较淡。

③生产性能。公鹅初生重 70～78 克，母鹅 68～79 克；60 日龄公鹅体重 1.39～1.48 千克，母鹅 1.28～1.42 千克；90 日 龄公鹅体重 1.91～2.47 千克，母鹅 1.78～1.88 千克。成年公鹅 平均体重 3.72～4.44 千克，母鹅 3.12～3.82 千克；屠宰活重 3.25～4.51 千克的公鹅，半净膛率为 78.3%～81.2%，全净膛 率为 70.3%～72.6%；活重 2.86～3.70 千克的母鹅，半净膛率 为 75.6%～81.2%，全净膛率 69.3%～71.2%。仔鹅填饲后，

肥肝平均重 324.6 克，最大 515 克，料肝比为 41.3∶1。母鹅一般在 210～240 日龄开始产蛋，年平均产蛋 80 枚，在半放牧条件下，年平均产蛋 100 枚以上；饲养条件较好时，年产蛋 120～130 枚。最高产蛋记录 180～200 枚，平均蛋重 120～130 克，蛋壳白色，蛋壳厚度为 0.45～0.51 毫米，蛋形指数为 1.41～1.48。公母鹅配种比例为 1∶5～7，种蛋受精率为 85% 左右，受精蛋孵化率为 80%～85%。4 周龄、5～30 周龄、31～80 周龄成活率分别为 92%、95% 和 95%。母鹅利用年限为 3 年。

（3）乌鬃鹅

①产地与分布。原产于广东省清远市，故又名清远鹅。因羽毛大部分为乌棕色而得此名，也叫墨鬃鹅。中心产区位于清远市北江两岸。分布在粤北、粤中地区和广州市郊，以清远及邻近的花县、佛冈、从化、英德县市较多。

②外貌特征。体型紧凑，头小、颈细、腿短。公鹅体型较大，呈橄榄核形；母鹅呈楔形。羽毛大部分呈乌棕色，从头顶部到最后颈椎有一条鬃状黑褐色羽毛带。颈部两侧的羽毛为白色，翼羽、肩羽、背羽和尾羽为黑色，羽毛末端有明显的棕褐色银边。胸羽灰白色或灰色，腹羽灰白色或白色。在背部两边，有一条起自肩部直至尾根的 2 厘米宽的白色羽毛带，在尾翼间未被覆盖部分呈现白色圈带。青年鹅的各部位羽毛颜色较成年鹅深。喙、肉瘤、胫、蹼均为黑色，虹彩棕色。

③生产性能。初生重 95 克，30 日龄体重 695 克，70 日龄体重 2.85 千克，90 日龄体重 3.17 千克，料肉比为 2.31∶1。公鹅半净膛率和全净膛率分别为 87.4% 和 77.4%，母鹅则分别为 87.5% 和 78.1%。母鹅开产日龄为 140 天左右，一年分 4～5 个产蛋期，平均年产蛋 30 枚左右，平均蛋重 144.5 克，蛋壳浅褐色，蛋形指数为 1.49。公母鹅配种比例为 1∶8～10，种蛋受精率为 87.7%，受精蛋孵化率为 92.5%，雏鹅成活率为 84.9%。

（4）籽鹅

①产地与分布。中心产区位于黑龙江省绥化和松花江地区，其中肇东、肇源、肇州等县市最多，黑龙江全省均有分布。该鹅种因产蛋多而称为籽鹅，具有耐寒、耐粗饲和产蛋能力强的特点。

②外貌特征。体型较小，紧凑，略呈长圆形。羽毛白色，一般头顶有缨，又叫顶心毛，颈细长，肉瘤较小，颌下偶有咽袋，但较小。喙、胫、蹼皆为橙黄色，虹彩为蓝灰色。腹部一般不下垂。

③生产性能。初生公雏体重89克，母雏85克；56日龄公鹅体重2.96千克，母鹅2.58千克；70日龄公鹅体重3.28千克，母鹅2.86千克；成年公鹅体重4.0～4.5千克，母鹅3.0～3.5千克。70日龄公母鹅半净膛率分别为78.02%和80.19%，全净膛率分别为69.47%和71.30%，胸肌率分别为11.27%和12.39%，腿肌率分别为21.93%和20.87%，腹脂率分别为0.34%和0.38%；24周龄公母鹅半净膛率分别为83.15%和82.91%，全净膛率分别为78.15%和79.60%，胸肌率分别为19.20%和19.67%，腿肌率分别为21.30%和18.99%，腹脂率分别为1.56%和4.25%。母鹅开产日龄为180～210天，一般年产蛋在100枚以上，多的可达180枚，蛋重平均131.1克，最大153克，蛋形指数为1.43。公母鹅配种比例为1∶5～7，喜欢在水中交配，受精率在90%以上，受精蛋孵化率在90%以上，高的可达98%。

（5）伊犁鹅

①产地与分布。又称塔城飞鹅。中心产区位于新疆维吾尔自治区伊犁哈萨克自治州各直属县、市，分布于新疆西北部的各州及博尔塔拉蒙古自治州一带。

②外貌特征。体型中等，与灰雁非常相似，颈较短，胸宽广而突出，体躯呈水平状态，扁椭圆形，腿粗短。头部平顶，无肉

瘤突起。颌下无咽袋。雏鹅上体黄褐色,两侧黄色,腹下淡黄色,眼灰黑色,喙黄褐色,胫、趾、蹼均为橘红色,喙豆乳白色。成年鹅喙象牙色,胫、蹼、趾肉红色,虹彩蓝灰色。羽毛可分为灰、花、白3种颜色,翼尾较长。

灰鹅头、颈、背、腰等部位羽毛灰褐色;胸、腹、尾下灰白色,并缀以深褐色小斑;喙基周围有一条狭窄的白色羽环;体躯两侧及背部,深浅褐色相衔,形成状似覆瓦的波状横带;尾羽褐色,羽端白色。最外侧两对尾羽白色。花鹅羽毛灰白相间,头、背、翼等部位灰褐色,其他部位白色,常见在颈肩部出现白色羽环。白鹅全身羽毛白色。

③生产性能。放牧饲养条件下,公母鹅30日龄体重分别为1.38千克和1.23千克,60日龄体重3.03千克和2.77千克,90日龄体重为3.41千克和2.97千克,120日龄体重为3.69千克和3.44千克。8月龄肥育15天的肉鹅屠宰,平均活重3.81千克,半净膛率和全净膛率分别为83.6%和75.5%。平均每只鹅可产羽绒240克。母鹅一般每年只有一个产蛋期,出现在3～4月间,也有鹅分春秋两季产蛋。全年可产蛋5～24枚,平均年产蛋量为10.1枚,平均蛋重156.9克,蛋壳乳白色,蛋壳厚度为0.6毫米,蛋形指数为1.48。公母鹅配种比例为1:2～4。种蛋平均受精率为83.1%,受精蛋孵化率为81.9%。有就巢性,一般每年1次,发生在春季产蛋结束后。30日龄成活率为84.7%。

(6) 阳江鹅

①产地与分布。中心产区位于广东省湛江地区阳江市,分布于邻近的阳春、电白、恩平、台山等地,在江门、韶关、南海、湛江等市及广西壮族自治区也有分布。

②外貌特征。体型中等、行动敏捷。母鹅头细颈长,性情温顺;公鹅头大颈粗,躯干略呈船底形,雄性特征明显。从头部经颈向后延伸至背部,有一条宽约1.5～2.0厘米的深色毛带,故又叫黄鬃鹅。在胸部、背部、翼尾和两小腿外侧有灰色毛,毛边

缘都有宽 0.1 厘米的白色银边羽。从胸两侧到尾椎，有条葫芦形的灰色毛带。除上述部位外，均为白色羽毛。在鹅群中，灰色羽毛又分黑灰、黄灰、白灰等几种。喙、肉瘤黑色，胫、蹼为黄色、黄褐色或黑灰色。

③生产性能。成年公鹅体重 4.2～4.5 千克，母鹅 3.6～3.9 千克，70～80 日龄仔鹅体重 3.0～3.5 千克。饲养条件好，70～80 日龄体重可达 5.0 克。70 日龄肉用仔鹅公母半净膛率分别为83.8%和83.4%。阳江鹅性成熟期早，公鹅70～80 日龄就有爬跨行为，配种适龄为 160～180 天。母鹅开产日龄为 150～160 天，一年产蛋 4 期，平均每年产蛋量 26～30 枚。采用人工孵化后，年产蛋量可达 45 枚，平均蛋重 145 克，蛋壳白色，少数为浅绿色。公母鹅配种比例为 1∶5～6，种蛋受精率为 84%，受精蛋孵化率为 91%，成活率为 90%以上。公母鹅均可利用 5～6 年。该品种鹅就巢性强，1 年平均就巢 4 次。

2. 中型鹅品种

（1）皖西白鹅

①产地与分布。中心产区位于安徽省西部丘陵山区和河南省固始一带，主要分布于皖西的霍邱、寿县、六安、肥西、舒城、长丰等县市以及河南的固始等县。

②外貌特征。体型中等，体态高昂，气质英武，颈长呈弓形，胸深广，背宽平。全身羽毛洁白，头顶肉瘤呈橘黄色，圆而光滑无皱褶，喙橘黄色，喙端色较淡，虹彩灰蓝色，胫、蹼橘红色，爪白色，约 6%的鹅颌下有咽袋。少数个体头颈后部有球形羽束。公鹅肉瘤大而突出，颈粗长有力，母鹅颈较细短，腹部轻微下垂。

③生产性能。初生重 90 克左右，30 日龄仔鹅体重可达 1.5 千克以上，60 日龄达 3.0～3.5 千克，90 日龄达 4.5 千克左右，成年公鹅体重 6.12 千克，母鹅 5.56 千克。8 月龄放牧饲养且不催肥的鹅，其半净膛率和全净膛率分别为 79.0%和 72.8%。皖

西白鹅羽绒质量好，尤其以绒毛的绒朵大而著称。平均每只鹅产羽毛349克，其中羽绒量为40～50克。母鹅开产日龄一般为6月龄，年产蛋量为25枚左右，3％～4％的母鹅可连产蛋30～50枚，群众称之为"常蛋鹅"。平均蛋重142克，蛋壳白色，蛋形指数为1.47。公母鹅配种比例为1：4～5。种蛋受精率为88.7％，受精蛋孵化率为91.1％，健雏率为97.0％，平均30日龄仔鹅成活率高达96.8％。母鹅就巢性强，一般年产两期蛋，每产一期，就巢1次，有就巢性的母鹅占98.9％，其中一年就巢两次的占92.1％。公鹅利用年限为3～4年或更长，母鹅为4～5年，优良者可利用7～8年。

（2）四川白鹅

①产地与分布。中心产区位于四川省温江、乐山、宜宾、永川和达县等市县，分布于江安、长宁、高县和兴文等平坝和丘陵水稻产区。

②外貌特征。体型稍细长，头中等大小，躯干呈圆筒形，全身羽毛洁白，喙、胫、蹼橘红色，虹彩蓝灰色。公鹅体型稍大，头颈较粗，额部有一呈半圆形的橘红色肉瘤；母鹅头清秀，颈细长，肉瘤不明显。

③生产性能。初生雏鹅体重为71.10克，60日龄体重为2.48千克。6月龄公鹅半净膛率为86.28％，母鹅为80.69％，6月龄公鹅全净膛率为79.27％，母鹅为73.10％。经填肥，肥肝平均重344克，最大520克，料肝比为42：1。母鹅开产日龄为200～240天，年平均产蛋量为60～80枚，平均蛋重146克，蛋壳白色。公鹅性成熟期为180天左右，公母鹅配种比例为1：3～4，种蛋受精率在85％以上，受精蛋孵化率为84％左右，无就巢性。

（3）浙东白鹅

①产地与分布。中心产区位于浙江省东部的奉化、象山、宁海等县市，分布于鄞县、绍兴、余姚、上虞、嵊县、新昌等

县市。

②外貌特征。体型中等，体躯长方形，全身羽毛洁白，约有15％左右的个体在头部和背侧夹杂少量斑点状灰褐色羽毛。额上方肉瘤高突，成半球形，随年龄增长，突起变得更加明显。无咽袋、颈细长。喙、胫、蹼幼年时呈橘黄色，成年后变橘红色。肉瘤颜色较喙色略浅。眼睑金黄色，虹彩灰蓝色。成年公鹅体型高大雄伟，肉瘤高突，鸣声洪亮，好斗逐人；成年母鹅腹宽而下垂，肉瘤较低，鸣声低沉，性情温驯。

③生产性能。初生重105克，30日龄体重1.32千克，60日龄体重3.51千克，75日龄体重3.77千克。70日龄仔鹅屠宰测定，半净膛率和全净膛率分别为81.1％和72.0％。经填肥后，肥肝平均重392克，最大肥肝600克，料肝比为44∶1。母鹅开产日龄一般在150天，一般每年有4个产蛋期，每期产蛋8～13枚，一年可产40枚左右。平均蛋重149克，蛋壳白色。公鹅4月龄开始性成熟，初配年龄160日龄，公母鹅配种比例为1∶6～7。种蛋受精率在90％以上，受精蛋孵化率达为90％左右。公鹅利用年限3～5年，以第2、第3年为最佳时期。绝大多数母鹅都有较强的就巢性，每年就巢3～5次，一般连续产蛋9～11枚后就巢1次。

(4) 雁鹅

①产地与分布。原产于安徽省西部的六安地区，主要是霍邱、寿县、六安、舒城、肥西以及河南省的固始等县市。分布于安徽省各地和江苏省的睢宁丘陵地区，后来逐渐向东南移，现在安徽的宣城、郎溪、广德一带和江苏西南的丘陵地区形成了新的饲养中心。在江苏分布区通常称雁鹅为"灰色四季鹅"。

②外貌特征。体型中等，体质结实，全身羽毛紧贴。头部圆形略方，头上有黑色肉瘤，质地柔软，呈桃形或半球形向上方突出。眼睑呈黑色或灰黑色，眼球黑色，虹彩灰蓝色。喙黑色、扁阔。胫、蹼呈橘黄色，爪黑色。颈细长，胸深广，背宽平，腹下

有皱褶。皮肤多数呈黄白色。成年鹅羽毛呈灰褐色和深褐色，颈的背侧有一条明显的灰褐色羽带，体躯的羽毛从上往下由深渐浅，至腹部呈灰白色或白色。除腹部白色羽外，背、翼、肩及腿羽皆为银边羽，排列整齐。肉瘤的边缘和喙的基部大部分有半圈白羽。雏鹅全身羽绒呈墨绿色或棕褐色，喙、胫、蹼均呈灰黑色。

③生产性能。一般公鹅初生重 109.3 克、母鹅 106.2 克，30 日龄公鹅体重 791.5 克，母鹅 809.9 克。60 日龄公鹅体重 2.44 千克，母鹅 2.17 千克。90 日龄公鹅体重 3.95 千克，母鹅 3.46 千克。120 日龄公鹅体重 4.51 千克，母鹅 3.96 千克。成年公鹅体重 6.02 千克，母鹅 4.78 千克。成年公鹅半净膛率、全净膛率分别为 86.1% 和 72.6%，母鹅半净膛率、全净膛率分别为 83.8% 和 65.3%。一般母鹅开产在 8~9 月龄，一般母鹅年产蛋量为 25~35 枚，平均蛋重 150 克，蛋壳白色，蛋壳厚度为 0.6 毫米，蛋形指数为 1.51。公鹅 4~5 月龄有配种能力，公母鹅配种比例为 1:5。种蛋受精率在 85% 以上，受精蛋孵化率为 70%~80%。雏鹅 30 日龄成活率在 90% 以上。母鹅就巢性强，就巢率为 83%，一般年就巢 2~3 次。公鹅利用年限为 2 年，母鹅则为 3 年。

（5）溆浦鹅

①产地与分布。产于湖南省沅江支流溆水两岸。中心产区位于溆浦县，分布在溆浦全县及怀化地区各县、市，在隆回、洞口、新化、安化等县也有分布。

②外貌特征。体型高大，体躯稍长，呈长圆柱形。公鹅头颈高昂，直立雄壮，叫声清脆洪亮，护群性强。母鹅体型稍小，性情温驯、觅食力强，产蛋期间后躯丰满，呈卵圆形。毛色主要有白、灰两种，以白色居多。灰鹅颈、背、尾灰褐色，腹部呈白色，皮肤浅黄色；眼睛明亮有神，眼睑黄白，虹彩灰蓝色，胫、蹼都呈橘红色，喙黑色；肉瘤突起，呈灰黑色，表面光滑。白鹅

全身羽毛白色，喙、肉瘤、胫、蹼都呈橘黄色；皮肤浅黄色；眼睑黄色，虹彩灰蓝色。母鹅后躯丰满，腹部下垂，有腹褶。有20%左右的个体头顶有顶心毛。

③生产性能。初生重 122 克，30 日龄体重 1.54 千克，60 日龄体重 3.15 千克。90 日龄体重 4.42 千克，180 日龄公鹅体重 5.89 千克，母鹅 5.33 千克。6 月龄公母鹅半净膛率分别为 88.6%和 87.3%，全净膛率分别为 80.7%和 79.9%。溆浦鹅产肝性能良好，成年鹅填饲 3 周，肥肝平均重为 627 克，最大肥肝重 1.33 千克。母鹅 7 月龄左右开产，一般年产蛋 30 枚左右，平均蛋重 212.5 克，蛋壳以白色居多，少数为淡青色，蛋壳厚度为 0.62 毫米，蛋形指数为 1.48。公鹅 6 月龄具有配种能力。公母鹅配种比例为 1 : 3～5。种蛋受精率为 97.4%。受精蛋孵化率为 93.5%。公鹅利用年限为 3～5 年，母鹅为 5～7 年。雏鹅 30 日龄成活率为 85%。就巢性强，一般每年就巢 2～3 次，多的达 5 次。

（6）马岗鹅

①产地与分布。产于广东省开平县，分布于佛山、肇庆市各县。该鹅种是 1925 年自外地引入公鹅与阳江母鹅杂交，经在当地长期选育形成的品种，具有早熟易肥的特点。

②外貌特征。具有乌头、乌颈、乌背、乌脚等特征。公鹅体型较大，头大、颈粗、胸宽、背阔；母鹅羽毛紧贴，背、翼、基羽均为黑色，胸、腹羽淡白。初生雏鹅绒羽呈墨绿色，腹部呈黄白色；胫、喙呈黑色。

③生产性能。成年公鹅体重为 5.0～5.5 千克，成年母鹅体重 4.5～5.0 千克，60 日龄仔鹅重 3.0 千克。全净膛率为 73%～76%，半净膛率为 85%～88%。母鹅开产日龄为 150 天左右，年产蛋量为 35 枚，平均蛋重 160 克，蛋壳白色。公母鹅配种比例为 1 : 5～6。利用年限为 5～6 年。就巢性较强，每年 3～4 次。

（7）扬州鹅

①产地与分布。产于江苏省扬州市。分布于江苏、安徽等地区一些市、县。该鹅种是由扬州大学畜牧兽医学院联合扬州市农林局、畜牧兽医站及高邮、仪征、邗江畜牧兽医站等技术推广部门，利用国内鹅种资源协作攻关培育而成的新品种，利用皖西白鹅、四川白鹅与太湖母鹅杂交，经当地选育形成，具有遗传稳定，繁殖率高，早期生长快，耐粗饲，适应性强，肉质细嫩等特点。

②外貌特征。头中等大小，高昂；前额有半球形肉瘤，瘤明显，呈橘黄色。颈匀称，粗细、长短适中。体躯方圆，紧凑。羽毛洁白、绒质较好，在鹅群中偶见眼梢或头顶或腰背部有少量灰褐色羽毛的个体。喙、颈、蹼橘红色（略淡）。眼睑淡黄色，虹彩灰蓝色。公鹅比母鹅体型略大，公鹅雄壮，母鹅清秀。雏鹅全身乳黄色，喙、胫、蹼橘红色。

③生产性能。初生重 82 克左右，70 日龄仔鹅舍饲平均体重3.45 千克，成活率为 96.5%；放牧补饲平均体重 3.52 千克左右，肉料比为 1：2.07，成活率为 93.3%。70 日龄仔鹅全净膛率为 67%～68%，半净膛率为 76%～78%；胸肌率为 7.5%～7.8%；腿肌率为 18%～20%。母鹅开产日龄一般为 218 天，68周龄入舍母鹅产蛋量为 70～75 枚，平均蛋重 141 克，60 周龄入舍母鹅产蛋量为 58～62 枚。蛋壳白色，蛋形指数为 1.47。公母鹅配种比例为 1：6～7。种蛋受精率为 91%，出雏率为 87.2%。

3. 大型鹅品种——狮头鹅

①产地与分布。狮头鹅是我国唯一的大型鹅种，因前额和颊侧肉瘤发达呈狮头状而得名。原产于广东饶平县溪楼村，现中心产区位于澄海县和汕头市郊。在北京、上海、黑龙江、广西、石南、陕西等 20 多个省（自治区、直辖市）均有分布。

②外貌特征。体型硕大，体躯呈方形。头部前额肉瘤发达，覆盖于喙上，颌下有发达的咽袋一直延伸到颈部，呈三角形。喙

短，质坚实，黑色。眼皮突出，多呈黄色，虹彩褐色。胫粗蹼宽，橙红色，有黑斑，皮肤米色或乳白色，体内侧有皮肤皱褶。全身背面羽毛、前胸羽毛及翼羽呈棕褐色，由头顶至颈部的背面形成如鬃状的深褐色羽毛带，全身腹部的羽毛呈白色或灰色。

③生产性能。成年公鹅体重为8.85千克，母鹅为7.86千克。在放牧条件下，公鹅初生重134克，母鹅133克，30日龄公鹅体重为2.25千克，母鹅为2.06千克，60日龄公鹅体重为5.55千克，母鹅为5.12千克，70～90日龄上市未经肥育的仔鹅，公鹅平均体重为6.18千克，母鹅为5.51千克，公鹅半净膛率为81.9%，母鹅为84.2%，公鹅全净膛率为71.9%，母鹅为72.4%。平均肝重600克，最大肥肝可达1.4千克，肥肝占屠体重达13%，料肝比为40∶1。母鹅开产日龄为160～180天，第一个产蛋年产蛋量为24枚，平均蛋重176克，蛋壳乳白色，蛋形指数为1.48。两岁以上母鹅，平均年产蛋量为28枚，平均蛋重217.2克，蛋形指数为1.53。种公鹅配种一般都在200日龄以上，公母鹅配种比例为1∶5～6。鹅群在水中进行自然交配，种蛋受精率为70%～80%，受精蛋孵化率为80%～90%。母鹅就巢性强，每产完一期蛋就巢1次，全年就巢3～4次。母鹅可连续使用5～6年。在正常饲养条件下，30日龄雏鹅成活率在95%以上。

三、引进的国外鹅优良品种

1. 朗德鹅

①产地与分布。朗德鹅又称西南灰鹅，原产于法国西南部靠比斯开湾的朗德省，是世界著名的肥肝专用品种。我国江苏、上海、辽宁等省份都曾引进该品种。

②外貌特征。毛色灰褐，颈、背都接近黑色，胸部毛色较浅，呈银灰色，腹下部呈白色。也有部分白羽个体或灰白杂色个体。通常情况下，灰羽的羽毛较松，白羽的羽毛紧贴。喙橘黄

色，胫、蹼呈肉色。灰羽在喙尖部有一浅色部分。

③生产性能。成年公鹅体重为 7.0～8.0 千克，成年母鹅体重为 6.0～7.0 千克。8 周龄仔鹅活重可达 4.5 千克左右。肉用仔鹅经填肥后，活重达到 10.0～11.0 千克，肥肝重 700～800克。朗德鹅对人工拔毛耐受性强，羽绒产量在每年拔毛 2 次的情况下，可达 350～450 克。性成熟期约 180 天，母鹅一般在 2～6月份产蛋，年平均产蛋 35～40 枚，平均蛋重 180～200 克。种蛋受精率不高，仅 65%左右，母鹅有较强的就巢性。

2. 莱茵鹅

①产地与分布。原产于德国莱茵河流域，是欧洲产蛋量最高的鹅种，现广泛分布于欧洲各国。我国上海、江苏、黑龙江、吉林、重庆等省（直辖市）曾引进该品种。

②外貌特征。体型中等偏小。初生雏背面羽毛呈灰褐色，从2 周龄至 6 周龄，逐渐转变为白色，成年时全身羽毛洁白。喙、胫、蹼呈橘黄色。头上无肉瘤，颈粗短。

③生产性能。成年公鹅体重为 5.0～6.0 千克，母鹅为 4.5～5.0 千克。8 周龄仔鹅活重可达 4.2～4.3 千克，料肉比为 2.5～3.0：1，能适应大群舍饲，是理想的肉用鹅种。但产肝性能较差，平均肝重为 276 克。母鹅开产日龄为 210～240 天，年产蛋量为 50～60 枚，平均蛋重 150～190 克。公母鹅配种比例为 1：3～4，种蛋平均受精率为 74.9%，受精蛋孵化率为 80%～85%。

第二节　鹅的繁育技术

一、配种方法

1. 自然交配

（1）大群配种　一定数量的种公鹅按比例配以一定数量的种母鹅，让每只公鹅均可和群中的每只母鹅自由组合交配。种鹅群的大小视鹅舍容量或当地放牧群的大小，从几百只到上千只不等。大群配种一般受精率较高，尤其是放牧的鹅群受精率更高。这种配种方法多用于农村种鹅群或鹅的繁殖场。

（2）小间配种　这是育种场常用的配种方法。在一个小间内只放一只公鹅，按不同品种最适的配种比例放入适量的母鹅。公母鹅均编脚号或肩号。设有闭巢箱集蛋，其目的在于收集有系谱记录的种蛋。在鹅育种中，采用小间配种，主要是用于建立父系家系。也可用探蛋结合装产蛋笼法记录母鹅产蛋。探蛋是指每天午夜前逐只检查母鹅子宫内有无将产的蛋的方法。

2. 人工授精技术　鹅的人工授精技术日益受到重视，特别是在提高鹅的受精率方面起到了积极的作用。

（1）鹅的采精方法

①电刺激法。这是采用专用的电刺激采精仪产生的电流，刺激公鹅射精的一种采精方法。

②假阴道法。采用台禽对公鹅诱情，当公鹅爬跨台禽伸出阴茎时，迅速将阴茎导入假阴道内而取得精液。

③台禽诱情法。首先将母鹅固定于诱情台上（离地 10～15 厘米），然后放出经调教的公鹅，公鹅会立即爬跨台禽，当公鹅阴茎勃起伸出交尾时，采精人员迅速将阴茎导入集精杯而取得精液。

④按摩法。用手掌面紧贴公鹅背腰部，从翅膀基部向尾部方向有节奏地反复按摩，刺激公鹅产生性兴奋而取得精液。按摩法最为简便可行，成为最常采用的一种方法。

（2）精液品质检查

①外观检查。主要检查精液的颜色是否正常。正常无污染的精液呈乳白色，是不透明的液体。混入血液呈粉红色，被粪便污染的呈黄褐色，有尿酸盐混入时，呈粉白色棉絮块状。过量的透明液混入，则见有水渍状。凡被污染的精液，精子会发生凝集或变形，不能用于人工授精。

②精液量检查。采用有刻度的吸管或结核菌素注射器等度量

器，将精液吸入，测量一次射精量。射精量随品种、年龄、季节、个体差异和采精操作熟练程度而有较大变化。公鹅平均射精量为 0.1～1.38 毫升。要选择射精量多、稳定正常的公鹅供用。

③精子活力检查。精子的活力是以测定直线前进运动的精子数为依据。所有精子都是直线前进运动的评为 10 分；有几成精子是直线前进运动的就评几分。具体操作方法是：于采精后20～30 分钟内，取同量精液及生理盐水各 1 滴，置于载玻片一端，混匀后放上盖玻片。精液不宜过多，以布满载玻片而又不溢出为宜。在镜检箱内温度 37℃ 左右的条件下，用 200～400 倍显微镜检查。精子呈直线运动，有受精能力；精子进行圆周运动或摆动的均无受精能力。活力高、密度大的精液，在显微镜下精子呈旋涡翻滚状态。

④精子密度检查。可分为血球计数法和精子密度估测法两种检查方法。

a. 血球计数法：用血球计数板计算精子数。具体操作方法是：先用红血球吸管吸取精液至 0.5 刻度处，再吸入 3% 氯化钠溶液至 100 刻度处，即为稀释 200 倍，摇匀，排出吸管前 3 滴，然后将吸管尖端放在计数板与盖玻片的边缘，使吸管内的精液流入计算室内。在显微镜下计数精子（图 3-1）。计数 5 个方格应选位于一条对角线上或 4 个角各取 1 个方格，再加中央 1 方格，共 5 个方格。计算精子数时只数精子头部 3/4 或全部在方格中的精子（以黑头表示，图 3-2）。最后按下列公式计算出每毫升精液的精子数。

$$C = \frac{n}{10}$$

式中　C——每毫升含有的精子数（亿个）；
　　　n——5 个方格中的精子总数（个）。

例如现已检出 5 个方格中共计 60 个精子，问每毫升精液中有多少个精子？

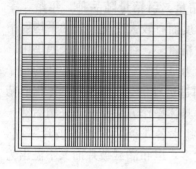

图 3-1　计算室方格

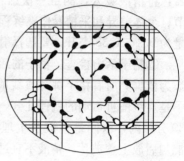

图 3-2　计算精子方法（只计头为黑色的精子数）

解：$C = \dfrac{60}{10} = 6$（亿个/毫升），即每毫升精液中有 6 亿个精子。

b. 密度估算法：在显微镜下观察，可根据精子密度分为密、中等、稀三种情况（图 3-3）。

密是指在整个视野里布满精子，精子间几乎无空隙。每毫升精液有 6 亿～10 亿个精子；中等是指在整个视野里精子间距明显，每毫升精液有 4 亿～6 亿个精子；稀是指在整个视野里，精

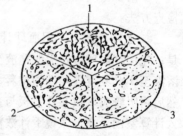

图 3-3　精子密度
1. 密　2. 中等　3. 稀

子间有很大的空隙，每毫升精液有 3 亿个以下的精子。

（3）精液的稀释和保存　稀释液的主要作用是为精子提供能源，保障精细胞的渗透平衡和离子平衡，稀释液中的缓冲剂可以防止乳酸形成时的有害作用。在精液的稀释保存液中添加抗菌剂可以防止细菌的繁殖。同时精液中加入稀释液还可以冲淡或螯合精液中的有害因子，有利于精子在体外存活更长的时间。常规输精时鹅精液的稀释倍数用 1∶1、1∶2、1∶3 的效果较好。实践

表 3 – 1　常用精液稀释液的成分

成　分	Lake液	pH7.1的Lake缓冲液	pH6.8的Lake缓冲液	BPSE液	BHPPK-2液	Brown液	Macpherson液	磷酸盐缓冲液	生理食盐液	新鲜鸡蛋黄液	新鲜牛奶
葡萄糖	1.000	0.600	0.600	0.500	1.800	0.500	0.150			4.250	
果糖											
椰子糖						3.864					
乳糖							11.000				
肌醇											
谷氨酸钠（H_2O）	1.920	1.520	1.320	0.867	2.800	0.220	1.381				
氯化镁（$6H_2O$）	0.068	0.080	0.080	0.034		0.234	0.024				
醋酸镁（$4H_2O$）						0.013					
醋酸钠（$3H_2O$）	0.857										
柠檬酸钾	0.128	0.128	0.128								
柠檬酸钠（$2H_2O$）				0.430		0.231					
柠檬酸				0.064		0.039					
氯化钙						0.010					
氯化钠									1.000		
磷酸二氢钾				0.065				1.456			
磷酸氢二钠（$3H_2O$）				1.270				0.837			
1摩尔/升氢氧化钠		5.8毫升	9.0毫升								
BES		3.050	2.440								
MES											
TES				0.195		2.235					
新鲜鸡蛋黄液										1.5毫升	
新鲜牛奶											199毫升

表明，以 pH7.1 的 Lake 液和 BPSE 液稀释效果最好。现将效果较好的几种稀释液配方列表 3-1。

（4）输精　鹅的泄殖腔较深，阴道部不像母鸡那样容易外翻进行输精。所以，常规输精以泄殖腔输精法最为简便易行。

泄殖腔输精法是助手将母鹅仰卧固定，输精员用左手挤压泄殖腔下缘，迫使泄殖腔张开，再用右手将吸有精液的输精器从泄殖腔的左方徐徐插入，当感到推进无阻挡时，即输精器已准确进入阴道部，一般深入至 3~5 厘米时左手放松，右手即可将精液注入。实践证明效果良好。熟练的输精员可以单人操作。

一般认为，鹅的输精时间以每日上午 9：00~10：00 或下午 4：00~6：00 为好。

由于鹅的受精持续期比较短，一般在受精后 6~7 天受精率即急速下降。因此，要获高的受精率，以 5~6 天输精一次为宜。

鹅的每一次输精量可用新鲜精液 0.05 毫升，每次输精量中至少应有 3 000 万~4 000 万个精子。第一次的输精量加大 1 倍可获得良好效果。

（5）采精和输精用具　鹅的采精和输精常用的器具如图 3-4、图 3-5，详细用具见表 3-2。

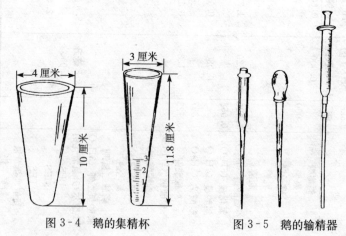

图 3-4　鹅的集精杯　　　　图 3-5　鹅的输精器

表 3 - 2　人工授精用具表

名　称	规　格	用　途	名　称	规　格	用　途
集精杯	5.8～6.5毫升	收集精液	生理盐水	—	稀释
刻度吸管	0.05～0.5毫升	输精	蒸馏水	—	稀释及冲洗器械
刻度吸管	5～10毫升	贮存精液	温度计	100℃	测水温
保温瓶或杯	小、中型	保温精液	干燥箱	小、中型	烘干
消毒盒	大号	消毒采精、输精	冰箱	小型低温	短期贮存精液
生物显微镜	400～1 250倍	检查精液品质	分析天平	感量0.001克	配稀释液、称药
载玻片、盖玻片、血球计数板	—	检查精液品质	药物天平	感量0.01克	配稀释液、称药
pH试纸	—	检查精液品质	电炉	0.4～1千瓦	精液保温、供温水，煮沸消毒
注射器	20毫升	吸取蒸馏水及稀释液	烧杯、毛巾、脸盆、试管刷、消毒液等	—	消毒、卫生
注射针头	12号	备用	试管架、瓷盘	—	放置器具

二、配种年龄和配种性比

1. 配种年龄　鹅配种年龄过早，不仅对其本身的生长发育有不良影响，而且受精率低。通常早熟品种的公鹅不早于150日龄为宜；晚熟品种的公鹅不晚于240～270日龄为宜。

2. 配种比例　鹅的配种性比随品种类型不同而差异较大，

公与母的比例一般是：小型鹅是 1：6～7，中型鹅是 1：4～5，大型鹅是 1：3～4。配种比例除了因品种类型而异之外，尚受以下因素的影响。

（1）季节　早春和深秋，气候相对寒冷，性活动受影响，公鹅应提高 2%左右（按母鹅数计）。

（2）饲养管理条件　在良好的饲养条件下，特别是放牧鹅群能获得丰富的动物饲料时，公鹅的数量可以适当减少。

（3）公母鹅合群时间的长短　在繁殖季节到来之前，适当提早合群对提高受精率极为有利。合群初期公鹅的比例可稍高些。大群配种时，部分公鹅因较长时期不分散于母鹅群中配种，需经十多天才合群。因此，在大群配种时将公鹅及早放入母鹅群中十分必要。

（4）种鹅的年龄　1 岁的种鹅性欲旺盛，公鹅数量可适当减少。实践表明公鹅过多常常造成鹅群受精率降低。

此外，在鹅配种方面，还要注意克服公母鹅固定配偶交配的习惯。据观察，有的鹅群中有 40%的母鹅和 22%的公鹅是单配偶。克服这种固定配偶交配的办法是先将公鹅偏爱的母鹅挑出，拆散其单配偶，公鹅经过几天后就会逐渐和其他母鹅交配，也可采用控制配种，每天让一公鹅与一母鹅轮流单配。

三、鹅的利用年限和鹅群结构

鹅是长寿家禽。种母鹅的繁殖年龄比其他家禽长。第一个产蛋年母鹅产蛋量低，第二年的母鹅比第一年的多产蛋 15%～25%，第三年的比第一年的多产蛋 30%～45%，4～6 岁以后逐渐下降。所以鹅的利用年限一般为 3～5 年。一般种鹅群的组成比例为：1 岁母鹅占 30%，2 岁母鹅占 25%，3 岁母鹅占 20%，4 岁母鹅占 15%，5 岁母鹅占 10%。

种公鹅利用年限一般为 2～3 年。

第三节 鹅的孵化技术

一、鹅蛋的构造

1. 鹅蛋的结构特点 蛋由蛋壳、蛋白和蛋黄三部分构成，其中蛋壳约占 11%，蛋白约占 57%，蛋黄约占 32%。

蛋壳是由外蛋壳膜、石灰质蛋壳、内蛋壳膜和蛋白膜构成。蛋壳上有许对微小的气孔，这些气孔是造成蛋类腐败的主要因素之一，但在蛋白加工和家禽孵化过程中，则必须有这些小气孔。蛋壳内部有两层薄膜，紧附着蛋壳的叫内蛋壳膜，附着内蛋壳膜里面的薄膜叫蛋白膜。这两种薄膜均有阻止微生物通过的作用，大多数微生物只能通过内蛋壳膜而不能通过蛋白膜，只有在蛋白膜被蛋白酶破坏后，才能进入蛋内。在刚生下的蛋里，这两层薄膜是紧密地附在一起的。蛋的内容物占有蛋壳内整个容积，随着冷却而收缩，在两层薄膜间形成气室（又叫空头），气室随着蛋内水分的蒸发而逐渐增大，因此新鲜蛋的气室小，气室的大小可鉴别蛋的新鲜程度。

蛋白是一种白色半透明的黏稠状半流体。蛋白稀薄不一，愈接近蛋黄的愈浓厚，可分为稀薄蛋白层和浓厚蛋白层，浓厚蛋白的多少与蛋的质量和耐贮性有很大关系，含量高者质量好，而且耐贮藏。一般新鲜蛋的浓厚层蛋白较多，陈蛋则稀薄层蛋白较多。

蛋黄是一种不透明的黄色半流体物质，由系带、蛋黄膜、胚胎及蛋黄内容物所构成。系带是浓厚蛋白构成的，粘连在蛋黄的两端，固定蛋黄的位置，具有弹性，随着保管时间的延长而变细，最后逐渐消失。蛋黄膜覆盖在蛋黄外，防止蛋黄与蛋白相混。蛋黄膜具有弹性，随着保管时间的延长，弹性逐渐消失，最后形成散黄。胚胎位于蛋黄膜的表面，为圆形或非圆形的小白点，它的密度比蛋黄小。

2. 蛋的成分 鹅蛋包含了 62％的水分、12％的脂肪、14％的蛋白质、11％的矿物质、0.8％的碳水化合物和 0.2％的维生素。

二、种蛋的选择

公、母鹅按一定比例混群后配种或人工授精后所产的受精蛋称为种蛋，种蛋的品质是决定种蛋孵化率高低的关键因素，对雏鹅的品质、健康和成鹅的生产性能也有很大的影响。因此，孵化前必须对种蛋进行一下几个方面的严格选择。

1. 来源与受精率 种蛋应来自饲养管理正常、健康而高产的鹅群，切勿从疫区或不符合规格的鹅场引进种蛋，否则将导致生产性能不高或者带来疾病。受精率是影响孵化率的主要因素。当母鹅过多，不能得到公鹅配种；公鹅过多，会产生争斗现象，这二者都会降低鹅群的产蛋率和受精率。在正常饲养管理条件下，若鹅群的公母比例适宜，则鹅种蛋的受精率较高，一般在90％以上。

2. 新鲜度 种蛋新鲜程度是指种蛋产出后到入孵的贮存时间长短。实践证明，种蛋保存时间越短，其新鲜度越好，胚胎生活力越强，孵化率越高。一般在20℃左右的温度条件下，种蛋产出7天内为合适，3～5天为最佳，逾期孵化率逐渐下降。这是由于新鲜种蛋，蛋内的营养物质变化损失少，各种病原微生物入侵也少，胚胎生活力强，孵化率高，成活率也高。新鲜蛋蛋壳干净，附有石灰质的微粒，好似覆有一薄层霜状粉末，没有光泽。陈蛋则蛋壳发亮，壳上有斑点，气室大，不宜用于孵化，即使孵化，会出现孵化率降低，孵化期延长，雏鹅体质衰弱，育雏成活率低。

3. 蛋重与蛋形 按照品种、品系的特点，选择大小适中的种蛋入孵。蛋形以椭圆形为宜，过长、过圆、腰鼓形、橄榄形等畸形蛋必须剔除，否则孵化率降低，甚至出现畸形雏。蛋重大小应符合品种要求，一般为该品种的平均水平或略高一点，都可作为正常标准。蛋重过小则孵化出来的雏鹅个体小，蛋重过大则孵化率低。

4. 蛋壳厚度与颜色　种蛋应选择蛋壳结构致密均匀、厚薄适度。蛋壳粗糙或过薄，不但易破，水分蒸发快，孵化率低，即使能够孵化出雏苗，因缺钙，出壳后雏鹅软弱易死亡。蛋壳过厚的钢壳蛋出雏时雏鹅不易破壳而闷死。蛋壳颜色代表品种特征，一般为白色、玉白色和青色三种，种蛋的选择应为本品种的标准颜色。

5. 清洁度　种蛋蛋壳要保持清洁，如有粪便、污泥、饲料等脏物，容易被细菌入侵，引起种蛋腐败变质或携带病原微生物影响胚胎的发育，同时堵塞气孔，影响气体交换，使胚胎得不到应有的氧气和排不出二氧化碳，造成死胎，降低孵化率。防止种蛋污染，在种蛋收集时应注意两个问题：一是在室内铺足干净的垫料（如稻壳、稻草等）；二是种蛋的收集时间应放在凌晨4：00和上午6：00～7：00，分2次进行。轻度污染的种蛋，可用砂纸或干布擦抹洁净并进行消毒后抹干即可作为种蛋入孵。

6. 照蛋剔除　肉眼选蛋只是观察到蛋的形状大小、蛋壳颜色，最好抽选种蛋进行照蛋剔除。通过照蛋可以看见蛋壳结构、蛋的内容物和气室大小等情况，对那些气室大的陈蛋、气室不正常蛋（腰室的尖室蛋）、血块异物蛋、双黄蛋、散黄蛋等都要剔除。

三、种蛋的保存

1. 保存环境　保存种蛋首先应有良好的保存环境，蛋库是不可缺少的部分。蛋库包含了两个房间，一间作收蛋、清点、分级码盘和消毒用；另一间作保存种蛋用，该间要求隔温性能好，无窗密闭式，但要有通风控温设施，应做到无灰尘、无苍蝇和老鼠等。种蛋保存的适宜温度为 12～15℃。高温对种蛋影响极大，当保存温度超过 23.9℃时，胚胎开始缓慢发育，温度低于 0℃时，胚胎会因受冻而伤失孵化能力。蛋库湿度以 70%～80% 较适宜，湿度过高引起种蛋发霉变质；湿度过低蛋内水分蒸发快，使孵化率降低。

2. 保存时间和方法　种蛋保存时间越短越好，一般不超过 1 周。保存方法是：保存期在 3 天以内时，可以蛋的大头朝上放置，超过 3 天的种蛋，应一律小头朝上放置，使蛋黄位于蛋的中心，防止胚胎粘连而使孵化率降低。也可以每天翻蛋 1 次，防止胎盘粘连。

四、种蛋的消毒

由于鹅舍内湿度较大，易于微生物的繁殖，种蛋易沾上污泥和粪便受到污染，所以每天要勤于收集种蛋，并及时进行消毒。种蛋消毒需在特别设计的小室内进行，经过消毒的种蛋才能送入蛋库存放。在孵化前再进行一次消毒。

消毒的目的是杀死蛋壳表面的细菌、霉菌以及病毒，以防它们穿过蛋壳上气孔而进入种蛋内。消毒的方法较多，粉状或液状的福尔马林加高锰酸钾作为常用消毒剂之一：每立方米的空间可用 6 克甲醛置于特殊的电热盘中加热至 204℃或者在 20 克高锰酸钾的瓷盘中加入 30 毫升 40% 的福尔马林，在 25℃、相对湿度 75% 条件下消毒 30 分钟，消毒完毕后打开门窗、通风排气。也可用 0.1% 新洁尔灭溶液喷洒种蛋，或用紫外线灯照射种蛋两面各 10 分钟（紫外线光源离种蛋 40 厘米），同样可以起消毒作用。

五、种蛋的包装和运输

有些养殖户没有自己的孵化系统，则种蛋就会存在运输的问题，主要从以下几个方面做好准备。

1. 运输前的准备工作 在种蛋起运前应进行包装，最好采用硬塑料薄膜压膜包装蛋托，装在塑料制的蛋箱内。装蛋时，蛋竖放且钝端朝下，每箱装满，以防破损。如果没有蛋托，可采用木箱装蛋，先在木箱底铺上稻壳、碎草等垫料，然后每摆一层蛋铺一层碎草，直至装满，蛋与箱边，蛋与蛋之间的空隙应充满垫料，最上面盖一层软草，压实，钉上盖，打包，即可运输。

2. 运输工具 运输种蛋的工具要求快速，平稳，安全，防日晒雨淋，严防震荡。最好用专车。

3. 运输过程中的注意事项 运输过程中不可剧烈颠簸，以免强烈震动时引起蛋壳或蛋黄膜破裂，损坏种蛋。运输种蛋适宜温度为 15～18℃，装卸时要轻拿轻放。经过长途运输的种蛋，到达目的地后，要及时开箱，取出种蛋，剔除破蛋，装盘，静置48 小时后入孵，千万不可贮存。

六、种蛋的孵化技术

1. 提供适宜的孵化条件

（1）温度 温度是种蛋孵化的首要条件。只有在适宜的温度条件下，才能保证种蛋中各种酶的活动及正常的物质代谢，胚胎才能正常发育，才能孵化出雏鹅。鹅胚胎生长发育适宜的温度范围为 36.5℃～38.2℃。孵化温度偏高，胚胎发育偏快、成熟早、出壳时间提前，导致雏鹅软弱，成活率低，若温度超过 42℃，胚胎很快死亡。孵化温度偏低，胚胎发育变慢，出壳时间推迟，不利于雏鹅生长发育，若温度低于 35℃，经 30 小时胚胎会大批死亡。因此，在孵化过程中，应根据种蛋来源、孵化季节、孵化机类型等因素，制订合理的施温方案。

胚胎发育的时期不同，对孵化温度要求也不一样。孵化前期，胚胎物质代谢慢，本身产生热量少，需要较高的孵化温度，一般温度控制在 $37.8 \sim 38 ℃$；孵化中期，随着胚龄增大，物质代谢日渐增强，特别是孵化后期，脂肪代谢加强，产生热量多，此时提供的孵化温度要较低，一般控制在 $37.5 \sim 37.8 ℃$；孵化后期一般温度控制在 $37 \sim 37.3 ℃$。

(2) 湿度 水汽有传导热的作用，在相同温度下，湿度不同，胚胎所感受的温度也不同。湿度对鹅胚胎发育也有很大影响，湿度过低，蛋内水分蒸发过多，胚胎与壳膜发生粘连；湿度过高则影响蛋内水分蒸发。湿度过高过低均会对孵化率和雏鹅健康产生不良影响。适宜的孵化湿度可使胚胎初期受热均匀，后期散热加强，这样既有利于胚胎发育，同时又有利于破壳出雏。在孵化过程中，应特别注意防止高温高湿和高温低湿情况的发生。

孵化机内的相对湿度应保持在 $55\% \sim 65\%$，出雏时为 $65\% \sim 75\%$。整批孵化时，应掌握"两头高、中间低"的原则，即孵化前期胚胎要形成羊水和尿囊液相对湿度高些，一般为 $55\% \sim 60\%$；孵化中期，随着胚胎的生长发育，要排出多余的羊水、尿囊液及代谢产物，相对湿度应低一点，可保持在 $50\% \sim 65\%$；在出雏前 $3 \sim 4$ 天和出雏时，为了有适当的水分和空气中的二氧化氮结合生成碳酸，使蛋壳中的碳酸钙通过化学反应转化为碳酸氢钙而变软、变脆，有利于胚胎破壳，并防止绒毛和壳膜粘连，相对湿度保持在 $65\% \sim 70\%$。孵化湿度是否正常，可用干湿球温度计测定，也可根据气室大小、胚胎失重多少和出雏情况判断。

(3) 通风 鹅胚胎在发育过程中必须不断吸入氧气，排出二氧化碳。气体交换量随着胚龄的增长而增多。在正常通风情况下，要求孵化器内氧气含量为 21%，二氧化氮在 0.5% 以下。当氧气低于 21％时，每下降一个百分点，孵化率下降 5％。当二氧化氮在 0.5％以上时，胚胎发育迟缓，死亡率增加，并出现胎位不正或畸形等，达到 2％以上就会使孵化率急剧下降，如果达 5％时，孵化率可降至零。通风量的大小会影响机内湿度的变化，通风量过大，机内湿度降低，胚胎内水分蒸发加快；通风量过小，机内湿度增加，气体交换缓慢，而影响孵化率。因此通风时要根据孵化机内通风孔位置、大小和进气孔开启程度，以控制空气的流速和路线。要合理处理好温度、湿度和通风三者的关系，通风不良时，空气不流畅，湿度就大；通风过度时，温度、湿度都难以保持。冬季或早春孵化时，机内温度与室温的温差较大，冷热空气对流速度增快，故应控制通风量；夏季机内温度与室温温差小，冷热空气交换的变化不大，就应注意加大通风量。

　　（4）翻蛋　蛋黄含脂肪多，相对密度小，常常在蛋白上面，而胚胎又位于蛋黄上方，孵化过程中如长期不翻蛋，胚胎就会与壳膜发生粘连。翻蛋的目的就是改变胚胎位置，使胚胎受热均匀，防止与壳膜粘连，有助于胚胎运动和改善胚胎血液循环，同时也增加了卵黄囊、尿囊血管与蛋黄、蛋白的接触，有利于营养物质的吸收和水的平衡。机械孵化一般每 2 小时翻蛋 1 次，孵化的第 1 至第 16 天必须翻蛋，尤其是孵化的第一周最为重要。翻蛋的角度以水平位置为标准，前俯后仰各 45°。平面孵化器孵化或桶孵时，采用手工翻蛋，昼夜翻蛋次数不少于 6 次，否则将影响孵化效果。翻蛋时要注意轻、稳、慢，防止引起蛋黄膜、血管的破裂，以及尿囊绒毛膜与壳膜分离使胚胎死亡。胚胎移至雏箱时应停止翻蛋。

　　（5）晾蛋　鹅胚胎发育到中期以后，由于脂肪代谢增强而产生大量的生理热。因此，定时晾蛋有助于蛋的散热，促进气体代谢，提高血液循环系统机能，增加胚胎调节体温的能力，又可防止机内出现超温，对提高孵化率有良好的作用。而且晾蛋时，促进蛋壳及蛋壳膜的收缩和扩张，加大蛋壳和蛋壳膜的通透性，促进水分代谢和气体交换，从而增强胚胎的活力。

晾蛋的方法归纳起来可分 3 种：一种为机外晾蛋。从孵化 8～10 天或 15～16 天起蛋盘移出机外，每次放晾至蛋温降到 30℃左右，晾后在蛋面上洒些温水；另一种为机内晾蛋。从第一天到第二天起，每日降低机温 2 次，每次降至 32～35℃，然后恢复正常孵化温度，每次 30 分钟左右；第三种为逐期降温。从孵化初期的 37.8℃降至孵化末期的 37.0℃，不采用晾蛋的措施。

2. 鹅蛋孵化的常用方法　我国种蛋孵化历史悠久，广大劳动人民根据实际情况得出了比较好的传统孵化方法，比如炕孵、缸孵、桶孵、摊孵、平箱孵等。近年来我国大型的孵化机具设备日趋普及，使孵化业变为工厂化生产和经营，从而推动了鹅业的发展。

（1）传统孵化法

①炕孵化。炕孵多用于东北、华北等地区。前期孵化器具是用土坯砌成，像北方冬季保暖用的土炕。炕面铺一层麦秸或稻草，其上再加芦席，四周设隔条，炕下设有炕口，有烟囱通向室外，以供烧柴草给温之用。种蛋入孵前须烫蛋或晒蛋并烧炕加温，待炕温恒定时，将种蛋分上下两层放在炕席上并盖棉被。

根据室温和胚龄来调节炕孵的温度。在实际操作中，往往要通过烧炕次数、烧炕时间、火力大小、增减覆盖物、翻蛋、移蛋、晾蛋等措施来调节孵化的温度、湿度和换气。同样也要灵活掌握"看胎施温"原则。采用炕孵法，一般要分批入孵，并将"新蛋"靠近热源一边，而后随着胚龄的增长而逐步改变入孵位置，使胚龄大的胚蛋移至远离热源的一端。

②缸孵化。缸孵主要分布于长江中下游各省。前期孵化器具是用稻草和黏土缸，中间放置铁锅，上层放竹编的箩筐，内盛种蛋，盖上稻草编成的缸盖保温，下层是缸炕，设有炕口。热源是用木炭作燃料供温，通过控制炭火的大小、炕门的开闭和缸盖的揭盖，并每天定时换箩，把箩内上下、内外的种蛋位置相互对

调，以调节温度、湿度和换气。胚蛋一般在缸内给温孵化至13～14胚龄时，可改为上摊进行孵化。

③桶孵化。桶孵多用于我国华南、西南地区，有孵桶、网袋、孵谷、炉炕和锅等设备。孵桶为圆柱形水桶，也可用竹篾编织成圆形无底竹箩，外表再糊粗厚草纸数层或外涂一层泥，再内外裱光。桶高约90厘米，直径60～70厘米。网袋用以装蛋，用麻绳编织，网眼约2厘米×2厘米，外缘穿一根网绳，便于翻蛋时提起和铺开。网长约50厘米，口径85厘米。孵谷要求饱满，炒热备用，以利保温，也有以秕谷、稻谷和沙子代替谷粒的。

④摊床孵化。前期通过炕孵、桶孵和缸孵后，种蛋即可移至摊床孵化至出雏。摊床孵化法的器具为木制框架，配备有棉絮、毯子、单被、席子、絮条等。摊床由1～3层木制长架构成，一般均架于孵化室内的上部，下面也可以设置孵化机具。摊分上摊、中摊和下摊。摊与摊的距离为80厘米，摊长与屋长相等。上、中摊应比下摊窄一些，便于人站在下摊边条上进行操作，一般下摊宽2.2米，中摊宽2米。上摊只有在蛋多时才使用。各摊底层均由芦苇（或细竹条）编成，以稻草铺平，其上放一层席子。摊边或蛋周围设隔条，有利于保温。

用摊床孵化可以通过多种途径来调节温度：在摊床四周的蛋（边蛋）易散热，蛋温较低，摊床中间的蛋（心蛋）不易散热，温度较高，可以通过翻蛋过程，将两者的位置置换，达到蛋温趋于平衡；刚上摊时，可摆放双层，排列紧密，随着胚蛋的温度上升，上层可放稀些，然后四周的蛋放双层，继而全部放平，即通过调整蛋的排列层数和疏密来调节蛋温；当蛋温偏低时，可加覆盖物，蛋温上升较快时，可减少覆盖物，甚至可将覆盖物掀起晾蛋降温；可以通过控制门窗和气窗来调节蛋温。

摊床温度的调节，应根据心蛋与边蛋存在温差的特点来进行，应掌握"以稳为主，以变补稳，变中求稳"的原则，也就是说，为使蛋温趋于一致，要"以稳为主"，即以保持心蛋适温平衡为主；但心蛋保持适温时，边蛋蛋温必然偏低，此时要通过互换心蛋、边蛋的位置使蛋温趋于平衡、均匀。当升温达到要求时，又要适时采取控制措施，不使温度升得过高，达到"变中求稳"的目的。

摊床孵化要注意"三看"。一看胚龄：随着胚龄的增长，其自发温度日益增强，覆盖物应由多到少，由厚到薄，覆盖时间由长到短。二看气温与室温：冬季及早春气温和室温较低，要适当多盖，盖的时间也要长一点；夏季气温高，要少盖一点，盖的时间也要短一点。三看上一遍覆盖物及蛋温：应根据蛋温的高低或适中等不同情况，适时增减覆盖物，如上一遍温度升得快、升得高，则下一遍就少盖一点；如上一遍温度升得慢，温度低，则下一遍就要多盖一点；如上一遍温度适宜，下一遍就维持原样。

⑤平箱孵化。该方法具有设备简单、取材容易等特点，分为用电与不用电两种，适宜于农村使用。该方法吸取了电孵机中的翻蛋结构，但孵化率欠稳定。制作平箱可利用土坯、木材、纤维板等原料，外形似一个长方形箱子，一般高157厘米，宽与深均为96厘米，箱板四周填充保温材料（如废棉絮、泡沫塑料等）。箱内设转动式的蛋架，共分7层，上下装有活动的轴心。上面6层放盛蛋的蛋筛，筛用竹篾编成，外径76厘米，高8厘米。底层放一空竹匾，起缓冲温度的作用。平箱下部为热源部分，四周用土坯砌成，底部用3层砖防潮，内部四角用泥抹成圆形，使之成为炉膛，热源为木炭。正面留一椭圆形火门，高25～30厘米，宽约35厘米，并用稻草编成门塞，热源部分和箱身连接处放一块厚约1.5毫米的铁板，在铁板上抹一层薄草泥，以利散热匀温。

通常情况下每台可孵蛋600枚。当蛋入箱后，将门关紧并塞上火门，让温度慢慢上升，直至蛋温均匀为止。入孵后，应每隔2小时转筛1次（转筛角度为180°，目的是使每筛的蛋温均匀），并注意观察温度，当眼皮贴到蛋感到有热度时，可进行第1次调筛（调筛的目的是使上、下层的蛋温能在一天内基本均匀）；当蛋温达到眼皮有烫的感觉时，可进行第二次调筛及翻蛋（翻蛋可调节边蛋与心蛋的温度，并可使蛋得到转动）；蛋温达到明显烫眼皮时，进行第三次调筛及第二次翻蛋。当中间筛蛋温达到要求时说明蛋温已均匀。检验蛋温适当与否，应实行"看胎施温"。

（2）机器孵化法　机器孵化设有自控装置，具有孵化效果好、易于操作管理和孵化量大等特点。机器孵化法的操作程序主要有如下几项。

①孵化前的准备。机器孵化是用电力供温，仪表测温，自动控温，机器翻蛋与通风，因此得有专用的发电设备或备用电源，防止发生临时停电事故，电压不稳定的地方应配置稳压器。在正式开机入孵前，要熟悉和掌握孵化机的性能，对孵化机进行运转检查、消毒和温度校对。根据设备条件、种蛋来源、雏鹅销售、饲养能力等具体情况制订孵化计划，尽量把费时的工作错开，如入孵、验蛋、出雏等不集中在同一天进行。

②种蛋入孵。一切准备工作做好后即可上蛋正式开始孵化。种蛋入孵分为分批入孵和整批入孵两种方式。分批入孵一般每隔3天、5天或7天入孵一批种蛋，同时出雏苗；整批入孵是一次把孵化机装满，大型孵化厂多采用整批入孵。机器孵化多为7天入蛋一批，机内温度保持恒温37.8℃（室温23.9～29.4℃），排气孔和进气孔全部打开，每2小时转蛋一次，各批次的蛋盘应交错放置，有利于各批蛋受热均匀。入孵时间最好是在下午4：00以后，这样可以赶上白天大批出雏，工作比较方便。

一般在冬季和早春时种蛋的温度较低，最好在入孵前放到22～25℃的环境下进行预热，使蛋逐渐达到室温后再入孵，这样可防止因种蛋直接从贮蛋室（15℃左右）直接进入孵化机中而造成结露现象，降低孵化率。

③照检。照蛋是利用蛋壳的透光性，通过阳光、灯光透视所孵的种蛋。照蛋的用具设备，可因地制宜，就地取材，可采用方

形木箱或铁皮圆筒，在木箱或铁皮圆筒上开孔，其内放置电灯泡。将蛋逐个朝向空口，对光转动进行照检。目前，多采用手持照蛋器，也可自制简便照蛋器。照蛋时将照蛋器孔对准蛋的大头进行逐个点照，顺次将蛋盘种蛋照完为止。此外，还有装上光管和反光镜的照蛋框，将蛋盘置于其上，可一目了然地检查出无精蛋和死胚蛋。为了增加照蛋的清晰度，照蛋室需保持黑暗，最好在晚上进行。照蛋之前，如遇严寒天气应加热，将室温升至28～30℃，照蛋时要逐盘从孵化器取出。照蛋操作应敏捷准确，如操作过久会使蛋温下降，影响胚胎发育而推迟出雏。

在孵化过程中应对入孵种蛋进行3次照检。第一次照检的时间为入孵后的5～7天。此次照检的目的是剔出无精蛋和中死蛋（血环蛋）。如发现种蛋受精率低，应及时调整公母鹅比例和改善种鹅群的饲养管理。第二次照检为入孵后的14～16天。此次照检可将死胚蛋和漏检的无精蛋剔出，如此时尿囊膜已在蛋的小头"合拢"，则表明胚胎的发育是正常的，孵化条件的控制也合适。第三次照检可结合转盘进行，主要剔除死胚胎。由于种蛋照检多采用手工操作，费时费工，因此，第二次照检可抽查少部分蛋，检视胚胎发育是否正常。

④落盘。种蛋在出雏前两天进行最后一次照检，将死胚蛋剔除后，把发育正常的蛋转入出雏机继续孵化，称之"落盘"。落盘时，如发现胚胎发育普遍迟缓，应推迟落盘时间。落盘后应注意提高出雏机内的温度和增大通风量。

⑤出雏。在孵化条件掌握适宜的情况下，孵化期满即出壳。出雏期间不要经常打开机门，以免降低机内温度、湿度，影响出雏整齐度，一般每2小时拣雏一次即可。已出壳雏鹅应待绒毛干燥后分批取出，并将空壳拣出以利继续出雏。在出雏末期，对已啄壳但无力出雏的弱雏，可进行人工破壳助产。助产要在尿囊血管枯萎时方可施行，否则易引起大量出血，造成雏鹅死亡。雏鹅拣出后即可进行雌雄鉴别和免疫。出雏完毕后，出雏机、出雏盘

和水盘应及时清洗、消毒，以供下次出雏时使用。

⑥孵化记录。孵化过程中应做好孵化记录，一般需要记录入孵蛋数、无精蛋数、照检情况、出雏情况（健雏数、弱雏数、死雏数）等记录，以便于了解孵化是否正常，及时对一些不合理的地方进行调整，以达到最高、最好的出雏情况，提高利润。

3. 影响鹅种蛋孵化效果的其他因素 影响孵化效果的因素有许多，除了孵化条件外，还有如下因素：

（1）种鹅年龄 母鹅刚开产时所产的种蛋的孵化率低，孵出的雏鹅也弱小。母鹅在第 2 至第 4 产蛋年所产种蛋的孵化率最高，而后随日龄的增长孵化率逐渐下降。

（2）母鹅产蛋率 产蛋率与孵化率呈正相关，鹅群产蛋率高时，种蛋孵化率也高，影响产蛋率的原因也影响种蛋孵化率。

（3）种鹅健康状况 种鹅感染疾病影响种蛋孵化率。某些疾病还可由种蛋通过垂直传播传染给后代。

（4）种鹅的管理 种鹅舍的温度、通风、垫料的清洁程度都与种蛋孵化率有关。通风是减少鹅舍内微生物的有效措施。若蛋被污染，会影响种蛋孵化率。

（5）外界气温 夏季高温时种鹅活力低，种蛋保存条件差，种鹅采食量下降，营养不良，蛋白稀薄，孵化率降低。

（6）蛋的形态结构 蛋重、蛋形、蛋壳结构等均与孵化率有关。种蛋过重，孵化前期的感温和孵化后期的胚胎散热不良，孵化率低。蛋壳薄时不仅易碎，蛋内水分蒸发也过快，破坏正常的物质代谢，孵化率也低。

（7）胎位不正 在孵化后期，胚胎在蛋内的正常位置是头部朝向蛋的大端，头在右翅下，两脚屈曲，紧贴腹部。胎位不正的表现有：

①头向蛋的大端，但头在左翅下或两脚之间，或脚超过头部。

②头在蛋的小端，头在左翅下或两脚之间，或头不在翅下。

胎位不正的胚胎有的可以孵出，有的则死于壳内。正常情况下，胎位不正的数量占 $1\%\sim3\%$，在进行孵化效果检查分析时，应注意剖检死胎蛋，确定胎位不正的比率及查找发生的原因。

（8）胚胎畸形 如歪嘴、曲颈、跛脚等的畸形胚胎易死亡或出壳困难，均影响孵化效果。应剖检统计，从母鹅的营养、孵化条件、种蛋消毒等环节进行检查分析。

4. 提高鹅种蛋孵化率的途径 现在养鹅业的蓬勃发展，对鹅群数量需求直线上升，我国鹅的人工孵化技术已经相当成熟，但是有时还会出现孵化效果不理想，有些是孵化技术的原因，更多的是孵化技术以外的原因。

（1）提高种鹅的健康水平 一定程度上，种鹅的健康水平对孵化率的影响比较大，没有较好的种蛋品质，再高明的孵化技术也不会收到较好的孵化效果。种鹅饲料营养必须全价化，不应该出现营养物质的缺乏。做好种鹅疾病的监测管理工作，保证种鹅处于健康状态。环境定期消毒，减少细菌微生物的侵害。

（2）做好种蛋的处理 种蛋产出后应该缩短在鹅舍中的暴露时间，及时收集、消毒、入库及保存。

5. 初生雏鹅的雌雄鉴别技术 目前生产中初生雏鹅的雌雄鉴别最常用的方法是肛门触摸法，它主要有捏肛法和顶肛法两种。

（1）捏肛法 此法需要有较丰富的经验和细致的手感。公鹅的阴茎较发达，呈螺旋状，在泄殖腔口内的下方，雌性个体没有。一只手捏住雏鹅，背部朝向术者的掌心，腹部朝下，拇指和食指放在泄殖腔的左右，另一只手的拇指和食指在肛门的外侧使泄殖腔外翻，用手指触摸，如感觉有芝麻粒大小的突起则为雄性，没有突起为雌性。注意操作要轻。以免伤及雏鹅。

（2）顶肛法 此方法要难一些，熟练者鉴别速度快，准确率也高一些。一只手捏住雏鹅，另一只手的中指在其肛门外轻轻往上顶，如感觉有芝麻粒大小的实质东西为雄性，没有为雌性。

第四章

鹅的营养调控技术

鹅为了维持正常的生长、繁殖和生产需要，要从饲料中获得其自身所必需的各种养分。目前人们对鹅产品安全性的要求日益提高，这也就增加了对饲料的安全性的要求，对养鹅的要求不再仅仅是合理利用各种饲料原料配制出经济有效的饲料，并最大限度地发挥鹅的生产潜力，而更重要的是保证饲料以及鹅产品的安全性，力求生产出绿色安全的新型饲料及鹅产品。

第一节　鹅的饲料与营养

一、鹅的营养需要

1. 能量　鹅的一切生理过程，包括运动、呼吸、循环、吸收、排泄、繁殖、神经活动、体温调节等，都需要消耗能量。饲料中碳水化合物和脂肪是能量的主要来源，蛋白质亦可分解产生热能。碳水化合物的主要作用是供给热能并能将多余部分转化为体脂肪。碳水化合物由碳、氢、氧3种元素组成，为机体活动能源的主要来源，也是体组织中糖蛋白、糖脂的组成部分。饲料中每克碳水化合物含能量17.15千焦。碳水化合物包括淀粉、糖类和粗纤维，鹅对粗纤维有较强的消化能力，粗纤维可供给鹅所需要的部分能量。肉用仔鹅日粮中纤维素含量以 5%～7% 为宜。碳水化合物的主要来源是植物性饲料如谷实类、糠麸类、多汁饲料等。

脂肪在鹅体内的作用是提供能量,其热能比相同重量的碳水化合物高 2.25 倍。饲料中每克脂肪含能量 39.29 千焦。饲料中所含的脂类物质除用作能量外,还提供几种不饱和脂肪酸如亚油酸、亚麻酸等。如果脂类物质缺乏将导致代谢紊乱,表现为皮肤病变、羽毛无光泽且干燥、生长缓慢和繁殖力下降等。在肉鹅的日粮中添加 1%～3% 的油脂可满足其高能量的需要,同时也能提高能量的利用率和抗热应激的能力。

2. 蛋白质 蛋白质不仅是构成鹅体组织的重要成分,也是组成酶、激素、抗体等功能物质的主要原料之一,关系到鹅体整个新陈代谢的正常运行,是维持生命、进行生产所必需的营养物质。如果饲料中缺少蛋白质,雏鹅表现为生长缓慢;种鹅表现为体重逐渐下降消瘦,产蛋率下降甚至停止产蛋;鹅的抗病力降低,容易继发各种传染病,甚至引起死亡。

氨基酸是蛋白质的基本组成单位。饲料蛋白质被鹅采食后,必须在各种酶的作用下,最终分解成氨基酸,然后才能被鹅吸收和利用。因此,饲料蛋白质的品质主要取决于其氨基酸组成。根据各种氨基酸在鹅体内的合成数量和速度,可以把氨基酸分为必需氨基酸和非必需氨基酸两大类。鹅需要的必需氨基酸有 11 种,它们是:赖氨酸、蛋氨酸、色氨酸、苏氨酸、组氨酸、亮氨酸、异亮氨酸、苯丙氨酸、精氨酸、缬氨酸和甘氨酸。在这些必需氨基酸中,往往有一种或几种必需氨基酸在鹅常用饲料中的含量低于鹅的需要量,而且由于它们的不足,限制了鹅对其他氨基酸的利用,并影响到整个日粮的利用率,因此,把这类氨基酸称为限制性氨基酸,主要有蛋氨酸、赖氨酸、苏氨酸、精氨酸和异亮氨酸,需要从日粮中补充。

日粮中蛋白质水平过低,会严重影响种公鹅精液品质和种蛋的孵化率、受精率,以及雏鹅生长和遗传潜力的发挥。正常情况下,成年鹅饲料粗蛋白质含量控制在 18% 左右为宜,这一水平的粗蛋白质含量能提高鹅的产蛋性能和配种能力。雏鹅日粮中粗蛋白质含量达到 20% 左右就能满足需要。

3. 矿物质　鹅体内矿物质含量仅占鹅体重的 3%～4%，但却是鹅的正常生长、繁殖和生产中所必不可少的营养物质。矿物质不仅是骨骼、肌肉、羽毛等体组织的主要组成成分，而且也是蛋壳等的重要原料，同时对调节鹅体内渗透压、维持酸碱平衡和神经肌肉正常兴奋性具有重要作用。另外，一些矿物元素还参与鹅体内血红蛋白、甲状腺素等活性物质的形成，对维持机体正常代谢具有重要作用。通常占动物体重 0.01% 以上的元素称为常量元素，包括钙、磷、钠、氯、钾和硫等元素。占动物体重 0.01% 以下的元素称为微量元素，主要包括铁、铜、锰、锌、碘、钴、硒、铬等。当某种必需元素缺少或不足时，会导致动物体内物质代谢的严重障碍，并降低生产力，甚至引起死亡；但某些必需元素过量时又能引起机体代谢紊乱，甚至中毒死亡。

（1）鹅需要的常量元素

①钙和磷。钙和磷是鹅需要量最多的两种矿物质元素，占体内矿物质总量的 65%～70%。钙和磷主要以磷酸盐、碳酸盐形式存在于各种器官、组织、血液、骨骼和蛋壳中，其中钙约占体重的 2%，磷约占体重的 1%。钙除构成骨骼和蛋壳外，对维持神经和肌肉的正常生理活动起着重要作用。一般认为，生长鹅日粮中的钙磷比约为 2∶1，其中钙为 0.8%～1.0%，有效磷为 0.4%～0.5%；产蛋鹅约为 6∶1，其中钙为 2.5%～3.0%，有效磷为 0.4%～0.5%。鹅容易发生钙、磷缺乏症，雏鹅缺钙时出现软骨症，关节肿大，骨端粗大，腿骨弯曲或瘫痪，有时胸骨呈"S"形；成年产蛋鹅缺钙时，蛋壳变薄，软壳和畸形蛋增多，产蛋率和孵化率下降。鹅缺磷时，往往表现食欲不振，生长缓慢，饲料利用率降低。钙、磷过多对发育不利，钙过多会阻碍磷、锌、锰、铁、碘等元素的吸收，如与脂肪酸结合成钙皂排出则降低脂肪的吸收率。磷过多会降低镁的利用率，一般谷物等植物饲料中总磷含量虽高，但大部分为植酸磷，有效磷很少，难以

吸收利用。

②钠、钾和氯。钠主要分布在细胞外，大量存在于体液中，对传导神经冲动和营养物质吸收起重要作用。钾主要分布在肌肉和神经细胞内，细胞内钾与许多代谢有关。氯在细胞内外均有，其主要功能是作为电解质维持体液的渗透压，调节酸碱平衡，控制水的代谢，可为各种酶提供有利于发挥作用的环境或作为酶的活化因子。三者中任何一种元素缺乏均表现出生长速度缓慢，采食量下降，饲料利用率低，生产力下降。植物性饲料中含有的钾足够满足鹅正常生长所需要的量。钠和氯在植物性饲料中含量较少，动物性饲料中稍多，但一般都不能满足鹅的需要，因此在饲粮中必须补充适量的食盐，但日粮中含盐量过大将造成鹅的盐中毒，如一些不合格的鱼粉中食盐含量较多，日粮中添加这些鱼粉很容易引起食盐中毒，一般添加0.25%~0.5%为宜。

③镁和硫。镁主要存在于骨骼中，约占70%，其余存在于体液、软组织和蛋壳中。镁缺乏时，鹅出现肌肉痉挛，步态蹒跚，生长受阻，种鹅产蛋量下降。常用的植物性饲料中含镁丰富，一般不会缺乏。日粮中含镁500~600毫克/千克即能满足鹅的生长、生产和繁殖的需要。如食入过量的钾或过量的钙、磷，均会影响镁的吸收和利用。

硫在鹅体内约占0.15%，大部分以含硫氨基酸的形式存在于蛋白质中，以角蛋白的形式构成鹅的羽毛、喙、蹼、爪等的主要成分。硫在蛋白质的合成、碳水化合物的代谢和许多激素及羽毛的形成过程中均发挥重要作用。日粮中含硫氨基酸缺乏时，鹅表现食欲减退，易引起掉毛、啄羽等。日粮中缺硫时可补充蛋氨酸、羽毛粉、硫酸钠等含硫物质。

（2）鹅需要的微量元素

①锰。锰与骨骼生长、蛋壳强度和繁殖性能有关，在碳水化合物、脂类、蛋白质和胆固醇代谢及维持大脑正常代谢中起重要作用。锰不足时，雏鹅生长发育受阻，骨粗短，成年鹅的产蛋率

和蛋的孵化率下降。日粮含锰40～80毫克/千克即能满足鹅的需要，缺乏时可添加硫酸锰。

②锌。锌对鹅的生长发育和繁殖性能影响较大，是鹅体内多种酶的成分。锌缺乏时雏鹅食欲不振、生长缓慢，关节肿大，羽毛、皮肤生长不良，有时出现啄羽、啄肛等怪癖，免疫力下降等；种鹅产蛋率下降，孵化时出现畸胚。但锌过量时会引起鹅食欲下降，羽毛脱落，停止产蛋。日粮中含锌40～80毫克/千克即可满足鹅的需要。饲料中缺乏时可添加硫酸锌。

③铜和铁。铜和铁共同参与血红蛋白和肌红蛋白的形成。如果日粮中缺铜就会出现鹅贫血、生长缓慢、被毛品质下降、骨骼发育异常、产蛋率下降、种蛋孵化过程中胚胎死亡多等症状。一般情况下日粮中不会缺乏铜，铜的主要补充形式是硫酸铜。饲料中含铁量丰富，鹅一般不会缺铁，日粮中含铁40～60毫克/千克即可满足鹅的生长、生产和繁殖的需要。但铁元素过多时，则易引起磷、铜和维生素A吸收率降低，出现缺乏症。缺乏铁最主要的表现是贫血。目前铁的主要补充形式是在日粮中添加硫酸亚铁。

④碘。碘是甲状腺的组成成分，调节体内代谢和维持体内热平衡，对繁殖、生长发育、红细胞生成和血液循环起调控作用。缺碘会引起甲状腺肿大，幼鹅生长受阻，骨骼和羽毛生长不良；成年种鹅产蛋率下降，种蛋受精率和孵化率降低。日粮中含碘20毫克/千克即可满足鹅的需要。缺乏时一般多添加碘化钾或碘酸钙。

⑤硒。硒参与谷胱甘肽过氧化物酶组成，保护细胞膜结构完整和功能正常，有助于各类维生素的吸收，还能与维生素E协同作用。日粮中缺硒时，幼鹅常表现精神沉郁，食欲不振，生长迟缓，渗出性素质病，肌肉营养不良或白肌症，胰脏变性、纤维化、坏死等；种母鹅产蛋率下降、种蛋受精率降低及早期胚胎死亡等。硒是毒性很强的元素，可引起中毒。日粮中含硒0.15～

0.30毫克/千克即能满足鹅的需要。一般通过补充亚硒酸钠预防和治疗缺硒症。

⑥钴。钴主要存在于肝、脾和肾脏中，是维生素B_{12}的组成成分之一。维生素B_{12}是血红蛋白和红细胞生成过程中所必需的物质。因此，钴对骨骼的造血机能有着重要的作用，如果钴缺乏，就会发生恶性贫血。日粮中含钴1~2毫克/千克即可满足鹅的需要。

4. 维生素　维生素虽然不是能量的来源，也不是构成组织的主要物质，但它是鹅正常生长、繁殖、生产以及维持健康所必需的营养物质，其作用主要是调节、控制代谢。

（1）脂溶性维生素

①维生素A。又称视黄醇或抗干眼醇。主要来源于青绿多汁饲料中的类胡萝卜素和维生素A制剂等。维生素A能促进雏鹅的生长发育，维持上皮组织结构健全，增进食欲，增强对疾病的抵抗力，增加视色素，保护视力，参与性激素形成。缺乏维生素A时鹅生长发育缓慢，种鹅的产蛋率和蛋的孵化率下降，雏鹅步态不稳，眼、鼻出现干酪样物质。维生素A过量可引起中毒。鹅的最低需要量为每千克日粮中含维生素A1 000~5 000国际单位。

②维生素D。又称钙化醇。维生素D参与钙、磷代谢，促进肠道对钙、磷的吸收和在体内的存留，提高血液钙、磷水平，促进骨的钙化，有利于骨骼生长。饲料中维生素D缺乏时雏鹅生长发育不良，腿畸形，患佝偻病，母鹅产蛋量和蛋的孵化率都会下降，蛋壳薄而脆。维生素D过量时，可使大量钙从鹅的骨组织中转移出来，导致组织和器官普遍退化、钙化，生长停滞，严重时，常死于血毒症。一般在每千克日粮中补充维生素D200~300国际单位，即可满足鹅的需要。

③维生素E。又称生育酚。主要来源于小麦、苜蓿粉和维生素E制剂。主要功能是促进性腺发育和生殖能力，参与核酸代

谢及酶的氧化还原，有抗氧化、解毒和保护肝脏、增强机体对疾病抵抗力的作用。缺乏维生素E时母鹅繁殖功能紊乱；公鹅睾丸退化，种蛋受精率、孵化率下降，胚胎退化；雏鹅脑软化，肾退化，患白肌病及渗出性素质病，免疫力下降。一般，在每千克日粮中补充维生素E 50～60毫克即可满足鹅的需要。

④维生素K。又称凝血维生素。主要来源于青绿多汁饲料、鱼粉和维生素K制剂。维生素K催化肝脏中凝血酶原及凝血素的合成。由于鹅血液中无血小板维持血凝功能，需外源供给维生素K。维生素K能维持正常的凝血时间，维生素K缺乏时鹅易患出血症，凝血时间延长。呈现紫色血斑，生长缓慢；种蛋孵化率降低。一般在每千克日粮中添加维生素K 2～3毫克即可满足鹅的需要。

（2）水溶性维生素

①维生素B_1（硫胺素）。又名抗神经炎素。主要来源于酵母、谷物、青绿饲料、肝、肾等动物产品和维生素B_1制剂中。主要功能是控制鹅体内水分的代谢，参与能量代谢，维持神经组织和心脏的正常功能，维持肠蠕动和消化道内脂肪的吸收。维生素B_1缺乏时可导致鹅食欲减退，消化不良，发育不全，引起多发性神经炎，生殖器官萎缩并产生神经性紊乱，频繁痉挛，繁殖力降低或丧失。通常在每千克日粮中添加维生素B_1 1～2毫克即可满足鹅的需要。

②维生素B_2（核黄素）。主要来源于酵母粉、豆科植物、小麦、麸皮、米糠和动物性饲料及维生素B_2制剂。主要功能是作为辅酶参与碳水化合物、脂类和蛋白质的代谢，能提高饲料利用率，是B族维生素中最为重要而极易缺乏的一种。如果饲料中缺乏，仔鹅生长缓慢，腿部瘫痪，行走困难，跗关节着地，脚趾向内弯曲成拳状，皮肤干燥而粗糙；种鹅产蛋量减少，种蛋孵化率降低，孵化过程中死胚增加。

③泛酸（维生素B_3）。泛酸是辅酶A的成分，主要是参与蛋

白质、氨基酸、碳水化合物、脂肪的代谢。缺乏泛酸时容易导致鹅生长缓慢，羽毛松乱，眼睑黏着，嘴角、眼角和肛门周围出现结痂，胚胎死亡率较高，易患皮肤病。泛酸很不稳定，与饲料混合时易受破坏，常用泛酸钙作添加剂。糠麸、小麦、青饲料、花生饼、酵母中含泛酸较多，玉米中含量较低。在每千克日粮中添加泛酸 10～30 毫克即能满足鹅的需要。

④胆碱（维生素 B_4）。胆碱是卵磷脂的组成部分，为合成乙酰胆碱和磷脂的必需物，能刺激抗体生成。缺乏胆碱时鹅生长迟缓、骨粗短，雏鹅共济失调，脂肪代谢障碍，易发生脂肪肝。鹅体内不能通过蛋氨酸合成胆碱，完全依赖于外源供给。因此，鹅对胆碱的需求比哺乳动物大。胆碱主要来源于鱼产品等动物性饲料、大豆粉、氯化胆碱制剂等。

⑤烟酸（维生素 B_5）。烟酸又称尼克酸，是辅酶Ⅰ和辅酶Ⅱ的成分，与能量和蛋白质代谢有关。主要功能是作为辅酶参与碳水化合物、脂类和蛋白质的代谢，可维持皮肤和消化器官的正常功能。缺乏时成年鹅骨粗短，关节肿大等，雏鹅口腔和食管上部发炎，羽毛粗乱，成鹅脱羽，产蛋率及蛋的孵化率下降。一般需将化学合成制剂加入饲料中。在每千克日粮中添加烟酸 50～70 毫克即能满足鹅的需要。

⑥吡哆醇（维生素 B_6）。在鹅体内主要功能是作为辅酶参与蛋白质、脂肪、碳水化合物的代谢。严重缺乏时可导致鹅抽筋、盲目跑动，甚至死亡，部分缺乏时使产蛋率和蛋的孵化率下降，雏鹅生长受阻，易患皮肤病。一般饲料原料如糠麸、苜蓿、干草粉和酵母中含量丰富，且又可在体内合成，故很少有缺乏现象。日粮中含维生素 B_6 1～2 毫克/千克即能满足鹅的需要。

⑦生物素（维生素 B_7）。又称维生素 H。以辅酶的形式广泛参与碳水化合物、脂类和蛋白质的代谢。缺乏时鹅一般表现为发育不良，生长停滞，蛋的孵化率降低，骨骼畸形，爪、嘴及眼周围易发生皮炎。生物素主要来源于青绿多汁饲料、谷物、豆饼、

干酵母以及生物素制剂等。一般在每千克日粮中添加生物素25～100毫克即能满足鹅的需要。

⑧叶酸（维生素 B_{11}）。主要功能是参与蛋白质和核酸的代谢，与维生素C、维生素 B_{12} 共同参与核蛋白代谢，促进红细胞、血红蛋白及抗体的生成。缺乏叶酸时鹅易引起贫血、生长慢、羽毛蓬乱、骨粗短、蛋的孵化率降低。叶酸主要来源于动物性饲料、豆饼等，必须通过日粮提供叶酸。通常在每千克日粮中添加叶酸1～2毫克即能满足鹅的需要。

⑨维生素 B_{12}（钴胺素）。与核酸、甲基合成代谢有关，直接影响蛋白质代谢。是一个结构最复杂、唯一含有金属元素（钴）的维生素。它主要是促进红细胞的形成和维持神经系统的完整，作为辅酶参与多种代谢。维生素 B_{12} 缺乏时雏鹅生长速度减慢，母鹅产蛋率下降，种蛋孵化率降低，脂肪沉积于肝脏并出现出血症状，称为脂肪肝出血综合征。维生素 B_{12} 主要来源于动物性蛋白质饲料和维生素 B_{12} 制剂。维生素 B_{12} 在鹅体内不能合成，一般在每千克日粮中添加5～10毫克即能满足鹅的需要。

⑩维生素C。又名抗坏血酸。参加氧化——还原反应和胶原蛋白的合成，与血凝有关，增强机体的抗病力，对于降低应激效果较好。鹅体内能合成维生素C，且青绿饲料中含有丰富的维生素C，故一般不会出现缺乏。但当鹅处于应激状态时，如高温、患病、饲料变化、转群、接种疫苗时应增加维生素C的用量，有助于增强鹅的抗应激能力。

5. 水 水是鹅体的重要组成成分，是鹅维持生命和生长、生产所必需的营养素。一切生理活动都离不开水，水是进入鹅体一切物质的溶剂，参与体内物质代谢、营养物质的吸收、运输及废物的排出等，还能协助调节体温、维持鹅体正常形态、润滑组织器官等。

鹅体水分来源于饮水、饲料含水和代谢水。据测定，鹅吃1克饲料要饮水3.7克，在气温12～16℃时，成年鹅平均每天饮水1 000毫升。民间有"好草好水养肥鹅"的说法，表明水对鹅的重要性。由于鹅是水禽，一般养在靠水的地方，在放牧中也常饮水，不容易发生缺水的现象，如果采用舍集约化饲养，则要注意保证饮水的需要。鹅缺水的危害比缺料更大，如饮水不足，雏鹅食欲下降，影响饲料的消化和吸收，生长受阻，代谢紊乱，严重缺水时，可引起死亡；种鹅产蛋减少，受精率和孵化率降低。

二、鹅的常用饲料及利用

1. 能量饲料 按饲料分类标准，凡饲料干物质中粗纤维含量小于或等于18%、粗蛋白质小于20%的均属于能量饲料，特点是消化率高，产生的热能多，粗纤维含量为0.5%～12%，粗蛋白质含量为8%～13.5%。这类饲料不包括禾谷籽实类、糠麸类、块根块茎类及油脂类等。

（1）谷实类饲料 谷实类饲料基本属于禾本科植物成熟的种子，是鹅所需要能量的主要来源，包括玉米、小麦、大麦、燕麦、稻谷和高粱等。干物质的消化率为70%～90%，粗纤维3%～8%，粗脂肪2%～5%，粗灰分1.5%～4%，粗蛋白质8%～13.5%，必需氨基酸含量少，磷的含量为0.31%～0.45%，但多以植酸磷的形式存在，利用率较低，钙的含量低于0.1%。这些饲料一般都缺乏维生素A和维生素D，但多富含B族维生素和维生素E。

①玉米。玉米是重要的能量饲料之一，含代谢能高，为14.3兆焦/千克，粗纤维少，适口性好，是配合饲料的主要原料之一。玉米中含蛋白质少，一般仅为7.5%～8.84%，而且蛋白质的质量较差，色氨酸和赖氨酸不足，钙、磷等矿物质的含量也低于其他谷实类饲料。玉米含有丰富的淀粉，粗脂肪亦较高，是高能量的饲料。一般在鹅的日粮中占40%～70%，贮存时含水量应控制在14%以下，防止霉变。黄玉米含胡萝卜素较多，还

含有叶黄素，对保持蛋黄、皮肤和脚部的黄色具有重要作用，可满足消费者的喜好。

②小麦。小麦营养价值高，适口性好，易消化，含能量较高，粗蛋白质含量为 9.86%，为禾谷籽实之首，B 族维生素含量丰富。缺点是黏性大，粉料中用料若过大，则黏嘴，降低适口性，维生素 A、维生素 D 缺乏。由于小麦价格较高，一般不作饲料使用，如在肉鹅的配合饲料中使用小麦，一般用量为日粮的 10%～30%。

③大麦。大麦的适口性好，在鹅的日粮中用的较普遍。粗蛋白质含量为 10.45%，维生素 B 族品质优于其他谷物。大麦皮壳粗硬，难以消化吸收，应破碎或发芽后饲喂。饲喂效果逊于玉米和小麦，通常占鹅日粮的 15%～30%。

④稻谷。稻谷的适口性好，为鹅常用饲料，但代谢能低，为 8.12 兆焦/千克，粗蛋白质含量为 8.2%，粗纤维含量高（约为 9.04%）。稻谷含优质淀粉，适口性好，易消化，但缺乏维生素 A 和维生素 D，饲养效果不及玉米。在水稻产区稻谷是常用的养肉鹅饲料，可占日粮的 10%～50%。

⑤高粱。蛋白质含量与玉米相当，但品质较差，其他成分与玉米相近。高粱含单宁较多，味苦、适口性差，而且还能降低蛋白质、矿物质的利用率。在鹅的日粮中应限制使用，不宜超过 15%。

⑥燕麦。粗蛋白质含量为 9%～11%，含赖氨酸较多，但粗纤维含量也高，达到 10%，不宜在雏鹅和种鹅中过多使用。

⑦糙米。粗蛋白质含量 6.8%，适口性好，取材容易，易消化吸收。常用作开食料。

⑧碎米。碎米是碾米厂筛出来的细碎米粒，淀粉含量高，纤维素含量低，粗蛋白质含量约为 8.53%，易于消化，价格低廉，是农村养肉鹅的常用饲料。为常用的开食料，在日粮中可占 30%～50%。但应注意，用碎米作为主要能量饲料时，要相应补

充胡萝卜素。

（2）**糠麸类饲料** 糠麸类饲料是稻谷制米和小麦制粉后的副产品，具有来源广，质地松软、适口性好、价格较便宜等优点。

①米糠。米糠是稻谷加工的副产品，是稻谷加工成白米时分离出来的种皮、糊粉层和胚及部分胚乳的混合物。粗蛋白质含量在12%左右，粗脂肪含量高达16.5%，不饱和脂肪酸含量较高，极易氧化酸败变质，不宜久存，尤其在高温高湿的夏季，极易变质，应慎用。

②小麦麸。小麦麸又称麸皮，为小麦加工的副产品，是小麦制面粉时分离出来的种皮、糊粉层和少量的胚与胚乳的混合物。粗蛋白质含量较高，为12.68%，粗纤维含量为10.11%，质地疏松，体积大，具有轻泻作用；钙少磷多，在鹅的日粮中占5%～25%。

③次粉。又称四号粉，是面粉加工时的副产品，营养价值高，适口性好。粗蛋白质含量为13.6%～15.4%。和小麦相同，多喂时也会产生黏嘴现象，用量为日粮的10%～20%。

（3）**油脂类** 油脂是油和脂的总称，在室温下呈液态的称为"油"，呈固态的称为"脂"。油脂是高热能来源，具有热能效应；是必需脂肪酸的重要来源之一；能促进色素和脂溶性维生素的吸收；油脂的热增耗低，可减轻鹅热应激。饲料中添加油脂，除本身自有的特性外，还可以改善饲料适口性，提高采食量；防止产生尘埃。

2. 蛋白质饲料 蛋白质饲料通常是指干物质中粗纤维含量在18%以下、粗蛋白质含量为20%以上的饲料。这类饲料营养丰富，易于消化。

（1）**植物性蛋白质饲料** 植物性蛋白质饲料是以豆科作物籽实及其加工副产品为主。常用作鹅饲料的植物性蛋白质饲料包括豆类籽实、饼粕类和部分糟渣类饲料，以及某些谷实的加工副产品等。蛋白质含量在30%～45%，适口性好，含赖氨酸多，是鹅常用的优良蛋白质饲料。

①豆粕（饼）。大豆采用浸提法提油后的加工副产品称为豆粕，豆饼是压榨提油后的副产品，粗蛋白质含量在43.76%；生豆饼含胰蛋白酶抑制因子等好多有害物质。所以在使用时一定要饲喂熟豆饼。

②菜子粕（饼）。是菜子榨油后的副产品，粗蛋白质含量在35.79%左右，营养价值不如豆粕。由于其含有硫代葡萄糖苷，在芥子酶的作用下，可分解为异硫氰酸盐和唑烷硫酮等有害物质，严重影响菜子粕的适口性，导致甲状腺肿大，激素分泌减少，使生长和繁殖受阻。还有辛辣味，适口性不好，所以饲喂时最好经过浸泡、加热，或采用专门的解毒剂进行脱毒处理。用量应控制在日粮的5%～8%。

③花生仁粕（饼）。是花生榨油后的副产品。花生饼含脂肪高，在温暖而潮湿的地方容易腐败变质产生剧毒的黄曲霉毒素，因此不宜久存，用量为日粮的5%～10%。

④棉仁粕（饼）。是棉籽脱壳榨油后的副产品，粗蛋白质含量一般在42.6%，最高可达40%。因含有棉酚毒素，不宜过多饲喂，日粮中不要超过8%。

⑤植物蛋白粉。是制粉、酒精等工业加工业采用谷实、豆类、薯类提取淀粉后的蛋白质含量很高的副产品。可作饲料的有玉米蛋白粉、粉浆蛋白粉等。粗蛋白质含量因加工艺不同而差异很大，含量为25%～60%。

⑥啤酒糟。是酿造啤酒的副产品，粗蛋白质含量丰富，达26%以上，啤酒糟含有一定量的酒精，饲喂要注意喂给量，喂量要适度，有人称啤酒糟是"火性饲料"。

⑦玉米胚芽粕（饼）。玉米胚芽粕（饼）是玉米胚芽湿磨浸提玉米油后的产物。粗蛋白质含量为20.8%，适口性好，价格低廉，是一种较好的饲料。

⑧玉米干酒糟及其可溶物（DDGS）。DDGS即玉米干酒糟

及其可溶物，由 DDG 和 DDS 组成。DDG 是将玉米酒精糟作简单过滤，滤渣干燥，滤清液排放掉，只对滤渣单独干燥而获得的饲料，其中浓缩了玉米中除了淀粉和糖的其他营养成分，如蛋白、脂肪、维生素。DDS 是发酵提取酒精后的稀薄残留物中的酒精糟的可溶物干燥处理的产物，其中包含了玉米中一些可溶性物质，发酵中产生的未知生长因子、糖化物、酵母等。DDGS 是世界公认的优质蛋白质饲料，蛋白质含量达 30% 左右。粗蛋白质含量在 28%～33%。

（2）动物性蛋白质饲料　动物性蛋白质饲料包括鱼粉、蚕蛹粉、肉骨粉、血粉、酵母蛋白粉、肠衣粉等。

①鱼粉。蛋白质含量达 48.59% 以上，是鹅的优质蛋白质饲料，一般用量在 2%～5%。使用时要注意：一是用量不要过大；二是注意掺假现象；三是注意食盐含量；四是注意霉变问题。

②肉粉与肉骨粉。是屠宰场的加工副产品。经高温、高压、消毒、脱脂的肉骨粉含有 47.71% 的优质蛋白质，且富含钙、磷等矿物质及多种维生素，是肉鹅很好的蛋白质和矿物质饲料，用量可占日粮的 5%～10%。

③血粉。是屠宰场的另一种下脚料。蛋白质含量为 80%～82%，但血粉加工所需的高温易使蛋白质的消化率降低。血粉有特殊的臭味，适口性差，用量不宜过多，一般为日粮的 1%～3%。

④羽毛粉。各种禽类羽毛，经高压蒸汽水解，晒干、粉碎即为羽毛粉。含粗蛋白质 83% 以上，但蛋氨酸、赖氨酸、组氨酸、色氨酸等偏少，使用时要注意氨基酸平衡问题，应该与其他动物性饲料配合使用。在雏鹅羽毛生长过程中可搭配 2% 左右的羽毛粉，以利于促进羽毛的生长，预防和减少啄癖的发生。

⑤蚕蛹粉和酵母粉。含粗蛋白质很多，在 60% 以上，质量好。但易受潮变质，影响饲料风味，用量为日粮的 4%～5%。饲用酵母粉虽不属于动物性饲料，但其蛋白质含量接近动物性饲料，所以常将其列入动物性蛋白质饲料。风干的酵母粉含水分

5%～7%，粗蛋白质 51%～55%，粗脂肪 1.7%～2.7%，无氮浸出物 26%～34%，灰分（主要是钙、钾、镁、钠、硫等）8.2%～9.2%，含有大量的 B 族维生素、维生素 A_1 和维生素 D 及酶类、激素等。它不仅营养价值高，还是一种保护性饲料，在育雏期适当搭配一些饲用酵母粉有利于促进雏鹅的生长发育。

3. 矿物质饲料　矿物质饲料是补充动物矿物质的饲料，是鹅生长发育、新陈代谢所必需的。

（1）常量元素矿物质饲料

①钙源饲料。

a. 石粉：由天然石灰石粉碎而成，主要成分为碳酸钙，钙含量 32.7%，用量控制在日粮的 2%～7%。最好与骨粉按 1∶1 的比例配合使用。

b. 贝壳粉：贝壳粉为各种贝类外壳经加工粉碎而成的粉状或粒状产品。含有 94% 的碳酸钙（约 38% 的钙），鹅对贝壳粉的吸收率尚可，特别是下午喂颗粒状贝壳，有助于形成良好的蛋壳。用量可占日粮的 2%～7%。

c. 蛋壳粉：是禽蛋加工厂的副产品。

d. 石膏：有预防啄羽、啄肛的作用，用量为日粮的 1%～2%。

e. 沙砾：沙砾本身没有营养作用，补给沙砾有助于鹅的肌胃磨碎饲料，提高消化率。饲料中可以添加沙砾 0.5%～1%。粒度以绿豆大小为宜。

②磷源饲料。

a. 骨粉：以家畜的骨骼为原料，经蒸汽高压蒸煮、脱脂、脱胶后干燥、粉碎过筛制成，一般为黄褐色或灰褐色。基本成分为磷酸钙，含钙量约为 29.98%，磷约为 13.59%，钙磷比为 2∶1，是钙磷较为平衡的矿物质饲料。用量可占日粮的 1%～2%。

b. 磷酸钙盐：由磷矿石制成或由化工厂生产的产品。常用的有磷酸氢钙，还有磷酸一钙（磷酸二氢钙），它们的溶解性要高于磷酸三钙，动物对其中的钙、磷的吸收利用率也较高。日粮中磷酸氢钙或磷酸钙可占日粮的 1%～2%。

c. 食盐：食盐是鹅必需的矿物质饲料，能同时补充钠和氯，化学成分为氯化钠，其中含钠 39%，氯 60%，另有少量钙、磷、硫等。食盐可促进食欲、保持细胞正常渗透压、维持健康的作用。一般用量为日粮的 0.3%～0.5%。

（2）微量元素矿物质饲料

①含铁饲料。最常用的是硫酸亚铁、氯化铁、氯化亚铁等。

②含铜饲料。如碳酸铜、氯化铜、氧化铜等。

③含锰饲料。常用硫酸锰、碳酸锰、氧化锰、氯化锰等。

④含锌饲料。常用的有硫酸锌、氧化锌、碳酸锌、葡萄糖酸锌、蛋氨酸锌等。

⑤含钴饲料。常用的有硫酸钴、碳酸钴和氧化钴。

⑥含碘饲料。比较安全常用的含碘化合物有碘化钾、碘化钠、碘酸钠、碘酸钾和碘酸钙。

⑦含硒饲料。常用的有硒酸钠、亚硒酸钠。有毒，需要严格控制用量，一般为 0.1 毫克/千克。

鹅常用饲料的营养成分见表 4-1。

表 4-1　鹅常用饲料的营养成分

饲料类别	饲料名称	水分（%）	粗蛋白质（%）	粗脂肪（%）	粗纤维（%）	代谢能（兆焦/千克）	钙（%）	磷（%）
谷实类	玉米	11.4	8.84	4	1.68	14.30	0.085	0.31
	高粱	11.5	8.95	4.2	3.93	13.35	0.06	0.26
	稻谷	12.2	8.2	1.78	9.04	8.12	0.23	0.83
	碎米	15.03	8.53	3.5	1.32	12.55	0.12	0.02
	秕谷	11.5	5.6	2.0	23.9			
	小麦	13.29	9.86	1.85	1.77	12.63	0.05	0.79
	大麦	11.6	10.45	1.9	5.0	12.13	0.14	0.35

（续）

饲料类别	饲料名称	水分（%）	粗蛋白质（%）	粗脂肪（%）	粗纤维（%）	代谢能（兆焦/千克）	钙（%）	磷（%）
糠麸类	麸皮	14.05	12.68	3.75	10.11	7.45	0.17	0.61
	米糠	12.4	14.05	17.6	7.35	11.38	0.23	1.14
	统糠	11.2	8.75	8.6	21.7		0.09	0.17
	大麦糠	13.0	15.40	3.20	5.70	9.54	0.03	0.48
	玉米皮	11.41	9.5	4.55	7.74	7.37	0.09	0.17
动物性蛋白质饲料	鱼粉	8.14	48.59	8.77	0.7	13.82	5.48	2.84
	蚕蛹	79.62	11.27	0.66	0		0.02	1.1
	虾糠	10.84	19.14	1.41				
	骨肉粉	9.1	47.1	7.88	2.2	6.99	10.14	4.63
植物性蛋白质饲料	大豆	11.36	44.27	12.92	8.42	8.57	0.25	0.56
	蚕豆	13.72	24.51	1.36	8.02	8.44	0.24	0.43
	豌豆	13.50	22.90	1.20	6.10	10.88	0.08	0.40
	豆饼	13.87	43.76	5.46	5.17	10.46	1.43	0.84
	菜子饼	11.4	35.79	8.12	9.24	6.78	1.007	0.347
	棉仁饼	12.9	42.6	4.86	9.77	8.99	0.27	0.8
	棉子饼	12.9	20.65	1.22	20.59	7.42	0.75	0.63
矿物质饲料	骨粉						28.98	13.59
	贝壳粉						39.23	0.23
	蛋壳粉						40.08	0.11
	碳酸钙						36.59	1
	磷酸氢钙						24.3	13.8
	石粉						32.7	0.10

4. 青绿多汁饲料 青绿饲料营养成分全面，蛋白质含量较高，富含各种维生素，钙和磷的含量亦较高，适口性好，消化率较高，来源广，成本低。青绿多汁饲料包括青绿饲料和多汁饲料两大类。常用的鹅青绿饲料有各种蔬菜、人工栽培的牧草和野生无毒的青草、水草、野菜和树叶等。不同种类和不同生长期的青

绿饲料其营养成分有较大的变化。鲜嫩的青绿饲料含木质素少，含水量高，利于消化，适口性好，种类多，来源广，利用时间长，含有较多的胡萝卜素与某些 B 族维生素，干物质中粗蛋白质含量较丰富，粗纤维较少，消化率较高，有利于鹅的生长发育。随着青绿饲料的生长，水分含量减少，粗纤维增加，适口性较差，故应尽量以幼嫩的青绿饲料喂鹅。多汁饲料如块根、块茎和瓜类等，尽管它们富含淀粉等高能量物质，但因在一般情况下水分含量很高，单位重量鲜饲料所能提供的能值较低。在养鹅生产中，通常的精料与青绿饲料的重量比例是：雏鹅 1：1，仔鹅 1：1.5，成年鹅 1：2。常见青绿饲料的特点与营养成分见表 4-2、表 4-3。

表 4-2 栽培的青绿饲料及特点

名　称	生长特性和产量	栽培技术要点
紫花苜蓿	适宜温暖半干旱气候，耐寒性强，除低洼地外各种土壤都可种植。3 000～5 000 千克/亩*	北方、华北地区和长江流域分别在 4～7 月份、3～9 月份和 9～10 月份播种较为适宜；条播行距为 20～30 厘米，播种深度为 1.5～2.0 厘米，播种量为 0.75 千克/亩；返青和每次刈割后及时追磷钾肥，注意防寒
白三叶	适宜温带地区。喜温暖湿润气候，再生性好，是一种放牧性牧草；耐酸性土壤、耐潮湿，耐寒性差。3 000～4 000 千克/亩	播种期春秋均可，南方宜秋播但不晚于 10 月中旬；条播撒播均可。行距为 30 厘米，播深为 1～1.5 厘米，播种量为 0.3～0.5 千克/亩；苗期注意中耕除草；可以与多年生黑麦草混播
多年生黑麦草	喜温暖湿润气候，喜肥土壤，适宜温度 20℃。4 000～5 000 千克/亩	南方以 9～11 月份播种为宜，也可在 3 月下旬播种；条播行距为 15～30 厘米，播深为 1.5～2.0 厘米，播种量为 1～1.5 千克/亩；适当施肥灌水可以提高产量，夏季灌水有利越夏。苗期及时清除杂草

---

* 亩为非法定计量单位，1公顷＝15亩。

（续）

名　称	生长特性和产量	栽培技术要点
无芒草	喜冷凉干燥气候、耐旱、耐湿、耐碱，适应性强，各种土壤均能生长。4 300～5 750千克/亩（干草 300～400千克/亩）	北方寒冷地区宜春播或夏播，华北、黄土高原及长江流域秋播；条播撒播均可。行距为30～40厘米，播深为2～4厘米，播种量为1～2千克/亩；利用3～4年后切断根茎，疏松土壤以恢复植被
苦荬菜	喜温暖湿润气候，耐寒抗热，适宜各种土壤。可刈割多次。5 000～7 500千克/亩	南方2月底至3月播种，北方4月上、中旬播种。条播或穴播。行距为25～30厘米，穴播行株距为20厘米，覆土2厘米；播种量为0.5千克/亩；需肥量大，株高40～50厘米即可收割
苋菜	喜湿，不耐寒，适应范围广，高产、适口性好。5 000～6 000千克/亩	南方从3月下旬至8月份都可播种，北方春播为4月中旬至5旬上旬，夏播6～7月份；条播和撒播均可，行距为30～40厘米，覆土1～2厘米。幼苗期及时中耕除草
牛皮菜	喜湿润、肥沃、排水良好的土壤，耐碱，适应性广，病毒少。4 000～5 000千克/亩	南方8～9月份，北方3月上旬至4月中旬播种；苗床育苗条播或撒播。覆土1～2厘米，苗高20～25厘米移栽；直播条播或点播，行距为25～30厘米，覆土2～3厘米，播种量为1～1.5千克/亩；经常中耕除草，施肥浇水

表4-3　常用青绿多汁饲料的营养成分

饲料	水分（%）	代谢能（兆焦/千克）	粗蛋白质（%）	粗纤维（%）	钙（%）	磷（%）
白菜	95.1	0.25	1.1	0.7	0.12	0.04
苦荬菜	93.09	0.54	2.3	1.2	0.14	0.04
苋菜	88.0	0.63	2.8	1.3	0.25	0.07
甜菜叶	89.0	1.26	2.7	1.1	0.06	0.01
莴苣叶	92.0	0.67	1.4	1.6	0.15	0.08
胡萝卜秧	80.0	1.59	3.0	3.6	0.40	0.08

（续）

饲料	水分（%）	代谢能（兆焦/千克）	粗蛋白质（%）	粗纤维（%）	钙（%）	磷（%）
甘薯	75.0	3.68	1.0	0.9	0.13	0.05
胡萝卜	88.0	1.59	1.1	1.2	—	—
南瓜	90.0	1.42	1.0	1.2	0.04	0.02
三叶草	88.0	0.71	3.1	1.9	0.13	0.04
苕子	84.2	0.84	5.0	2.5	0.20	0.06
紫云英	87.0	0.63	2.9	2.5	0.18	0.07
黑麦草	83.7		3.5	3.4	0.10	0.04
狗尾草	89.9		1.1	3.2	—	—
苜蓿	70.8	1.05	5.3	10.7	0.49	0.09
聚合草	88.8	0.59	5.7	1.6	0.23	0.06

5. 饲料添加剂 饲料添加剂是指除了为满足鹅对主要养分（能量、蛋白质、矿物质）的需要之外，还必须在日粮中添加的其他多种营养性和非营养性成分，如氨基酸、维生素、促进生长剂、饲料保存剂等。

（1）营养性添加剂 主要用于平衡鹅的日粮养分，以增强和补充日粮的营养为目的的那些微量添加成分。主要有氨基酸添加剂、维生素添加剂和微量元素添加剂等。

①氨基酸添加剂。用于饲料添加剂的氨基酸有赖氨酸、蛋氨酸、色氨酸、苏氨酸、精氨酸、甘氨酸、丙氨酸和谷氨酸等共8种。在鹅日粮中常添加的为蛋氨酸和赖氨酸。

②维生素添加剂。国际饲料分类把维生素饲料划分为第七大类，指由工业合成或提纯的维生素制剂，不包括天然的青绿饲料。习惯上称为维生素添加剂，在国外已列入饲料添加剂的维生素约有15种。

③微量元素添加剂。用于补充铁、铜、锌、锰等，宜选择硫

酸盐类试剂，便于对蛋氨酸的吸收利用。

（2）非营养性添加剂　非营养性添加剂不是鹅必需的营养物质，但添加到饲料中可以产生各种良好的效果，有的可以预防疾病，促进生长，促进食欲，有的可以提高产品质量或延长饲料的保质期限等。根据其功效可分为三大类，即抗病促进生长剂、饲料保存剂和其他饲料添加剂（如调味剂、着色剂等）。

①抗病促进生长剂。主要功效是刺激鹅的生长，提高生产性能，改善饲料利用率，防治疾病，保障鹅的肌体健康。

a. 抗生素类：抗生素类添加剂具有促进鹅的生长和维护肌体健康的作用。有杆菌肽锌预混剂、硫酸黏杆菌素预混剂等。

b. 磺胺类与抗菌增效剂：常见的有磺胺嘧啶、磺胺二甲嘧啶等。

c. 驱虫保健类：有莫能霉素，是广谱抗球虫药，对革兰氏阳性菌也有较高的抗菌性。拉沙霉素、盐霉素、马杜霉素都有抗球虫作用。

②饲料保存剂。

a. 抗氧化剂：饲料中养分因氧化而失效造成饲料品质降低，营养价值下降，甚至影响鹅对饲料的采食量。

b. 防霉剂：防霉剂可以抑制霉菌细胞的生长及其毒素的产生，防止饲料霉变，起到保护鹅群健康的作用。在日粮中应用较多的防霉剂是丙酸及其盐类，其他有山梨酸、乙酸、富马酸及其盐类等。

c. 颗粒黏结剂：黏土、膨润土、聚丙烯酸钠等。

③调味诱食剂和着色剂。

a. 调味诱食剂：又称食欲增进剂。调味剂主要有：香草醛、肉桂醛、丁香醛、果醛等，常与甜味剂（糖精、糖蜜）和香味剂（乳酸乙酯、乳酸丁酯）等一起和用，效果较好。

b. 着色剂：如蛋鹅和肉鹅饲料中加入黄、红色着色剂后，可使蛋黄及鹅皮颜色加深。天然植物中含有较高的胡萝卜素和叶黄素，如苜蓿叶粉含叶黄素，玉米面筋粉含叶黄素、干红辣椒含叶黄素等。合成类着色剂主要是胡萝卜素衍生物，如胡萝卜素、柠檬黄、栀子黄色素等。

（3）绿色饲料添加剂

①益生素。又称益生菌或微生态制剂等，是指由许多有益微生物及其代谢产物构成的，可以直接饲喂动物的活菌制剂。目前已经确认适宜作益生素的菌种主要有乳酸杆菌、链球菌、芽孢杆菌、双歧杆菌以及酵母菌等。

②酶制剂。酶是活细胞所产生的一类具有特殊催化能力的蛋白质，是促进生化反应的高效物质。常见的酶制剂种类主要有：淀粉酶、蛋白酶、纤维素酶、复合酶等。

另外，发展中草药添加剂是当前畜牧业的一个趋势。由于中草药添加剂一般无毒副作用，也不会引起药物残留，因此很多厂家都在研发中草药添加剂。在养鹅业中，可根据具体情况，在鹅的饲料中添加中草药添加剂，以发展有机养鹅业。

三、鹅的饲养标准及日粮配合

1. 鹅的饲养标准 饲养标准是根据鹅的不同品种、性别、年龄、体重、生产目的与水平，以及养鹅实践中积累的经验，结合能量与物质代谢试验和饲养试验的结果，科学地规定一只鹅每天应该给予的能量和各种营养物质数量。饲养标准的种类很多，大概可分为两类。一类是国家规定和颁布的饲养标准，称为国家标准。如我国的饲养标准、美国饲养标推、前苏联的饲养标准、法国的饲养标准。另一类是大型育种公司或某高等农业院校或研究所，根据各自培育的优良品种或配套系的特点，制定的符合该品种或配套系营养需要的饲养标准，或作为推荐营养需要量（参考），称为专用标准。部分鹅的饲养标准及推荐标准见表 4 - 4、表 4 - 5 和表 4 - 6。

表 4 - 4　美国 NRC（1944）鹅的饲养标准

营养成分	0～4 周龄	4 周龄以上	种　鹅
代谢能（兆焦/千克）	12.13	12.55	12.13
粗蛋白质（%）	20	15	15
赖氨酸（%）	1.00	0.85	0.60
蛋氨酸＋胱氨酸（%）	0.60	0.50	0.50
色氨酸（%）	0.17	0.11	0.11
苏氨酸（%）	0.56	0.37	0.40
精氨酸（%）	1.00	0.67	0.80
甘氨酸＋丝氨酸（%）	0.70	0.47	0.50
组氨酸（%）	0.26	0.17	0.22
异亮氨酸（%）	0.6	0.4	0.5
亮氨酸（%）	1.60	0.67	1.20
苯丙氨酸（%）	0.54	0.36	0.40
缬氨酸（%）	0.62	0.41	0.50
维生素 A（国际单位）	1 500	1 500	4 000
维生素 D（国际单位）	200	200	200
维生素 E（国际单位）	10	5	10
维生素 K（毫克/千克）	0.5	0.5	0.5
维生素 B_1（毫克/千克）	1.8	1.3	0.8
维生素 B_2（毫克/千克）	3.8	2.5	4.0
泛酸（毫克/千克）	15	10	10
烟酸（毫克/千克）	65	35	20
维生素 B_6（毫克/千克）	3.0	3.0	4.5
生物素（毫克/千克）	0.15	0.10	0.15
胆碱（毫克/千克）	1 500	1 000	500

（续）

营养成分	0～4周龄	4周龄以上	种 鹅
叶酸（毫克/千克）	0.55	0.25	0.35
维生素 B$_{12}$（毫克/千克）	0.009	0.003	0.003
钙（%）	0.65	0.60	2.25
有效磷（%）	0.3	0.3	0.3
铁（毫克/千克）	80	40	80
镁（毫克/千克）	600	400	500
锰（毫克/千克）	55	25	33
硒（毫克/千克）	0.1	0.1	0.1
锌（%）	40	35	65
铜（毫克/千克）	4.0	3.0	3.5
碘（毫克/千克）	0.35	0.35	0.30
亚油酸（%）	1.0	0.8	1.0

表 4-5　法国鹅的饲养标准

营养成分	0～3周龄	4～6周龄	7～12周龄	种 鹅
代谢能（兆焦/千克）	10.87～11.70	11.29～12.12	11.29～12.12	9.20～10.45
粗蛋白质（%）	15.8～17.0	11.6～12.5	10.2～11.0	13.0～14.8
赖氨酸（%）	0.89～0.95	0.56～0.60	0.47～0.50	0.58～0.66
蛋氨酸＋胱氨酸（%）	0.79～0.85	0.56～0.60	0.48～0.52	0.42～0.47
色氨酸（%）	0.17～0.18	0.13～0.14	0.12～0.13	0.13～0.15
苏氨酸（%）	0.58～0.62	0.46～0.49	0.43～0.46	0.40～0.45
钙（%）	0.75～0.80	0.75～0.80	0.65～0.70	2.60～3.00
有效磷（%）	0.42～0.45	0.37～0.40	0.32～0.35	0.32～0.36
氯（%）	0.13～0.14	0.13～0.14	0.13～0.14	0.12～0.14
钠（%）	0.14～0.15	0.14～0.15	0.14～0.15	0.12～0.14

表4-6　我国鹅的饲养标准推荐表

营养成分	0～3周龄	4～6周龄	7～10周龄	后备鹅	种　鹅
代谢能（兆焦/千克）	11.00	11.70	11.72	10.88	10.45
粗蛋白质（%）	20	17	16	15	16～17
赖氨酸（%）	1.0	0.7	0.6	0.6	0.8
蛋氨酸+胱氨酸（%）	0.75	0.60	0.55	0.55	0.60
钙（%）	1.20	0.80	0.76	1.65	2.60
有效磷（%）	0.60	0.45	0.40	0.45	0.60
食盐（%）	0.25	0.25	0.25	0.25	0.25

2. 鹅的日粮配合

（1）日粮配合的原则

①把好饲料的原料关。饲料原料是生产鹅安全饲料的关键，所用原料必须来自环境空气质量、灌溉水、土壤条件均符合要求的产地，饲料原料中有毒有害物质的最高限量应符合《饲料卫生标准》（GB13078—2001）的要求，原料质量应符合有关饲料原料标准的要求。原料水分含量一般不应超过13.5%。

②合理使用饲料添加剂。所选饲料添加剂必须是《允许使用的饲料添加剂品种目录》中所列的饲料添加剂和允许进口的饲料添加剂品种，严禁使用国家已明令禁止的添加剂品种（如激素、镇静剂等），所用药物添加剂除了应符合《饲料药物添加剂使用规范》（2001年农业部168号公告）和农业部2002年220号部长令的有关规定外，还应符合《无公害食品—畜禽饲料和饲料添加剂使用准则》（NY5032—2006）的规定。

③符合鹅的营养需要。设计饲料配方时，必须根据鹅的经济用途和生理阶段选用适当的饲养标准，并在此基础上，可根据饲养实践中鹅的生长或生产性能等情况做适当的调整。至于所用原料中养分含量的确定，应遵循以下原则：

a. 对一些易于测定的指标，如粗蛋白质、水分、钙、磷、盐、粗纤维等最好进行实测。

b. 对一些难于测定的指标，如能量、氨基酸、有效氨基酸等，可参照国内的最新数据库。但必须注意样品的描述，只有样本描述相同或相近，且易于测定的指标与实测值相近时才能加以引用。

c. 对于维生素和微量元素等指标，由于饲料种类、生长阶段、利用部位、土壤及气候等因素影响较大，主原料中的含量可不予考虑。

④符合经济原则。鹅生产中饲料成本通常占生产总成本的60%～70%以上，因此在设计饲料配方时，必须注意经济原则，使配方既能满足鹅的营养需要，又尽可能地降低成本，防止片面追求高质量。这就要求在设计饲料配方时，所用原料要尽量选择当地产量较大、价格较低廉的饲料，而少用或不用价格昂贵的饲料。

⑤符合鹅的消化生理特点。设计饲料配方时，必须根据饲料的营养价值、鹅的经济类型、消化生理特点、饲料原料的适口性及体积等因素合理确定各种饲料的用量和配合比例。如鹅是草食家禽，喜欢采食青绿饲料，所以最好以青饲料与混合精料搭配饲喂；但对于干草和秸秆类饲料，质地粗硬、适口性差、消化率低，必须限制饲喂。

（2）配方示例　为了便于读者参考，我们从有关资料中查阅并列举了部分鹅的配方示例，见表4-7、表4-8。

表4-7　鹅的日粮配方示例1

适用阶段 饲料名称　（%）	雏鹅 0～4周龄	生 长 鹅		育成鹅	种 鹅
		4～8周龄	8周龄～上市		
玉米	39.96	38.96	43.46	60.00	38.79
高粱	15.00	25.00	25.00	—	25.00
大豆粕	29.50	24.00	16.50	9.00	11.00
鱼粉	2.50	—	—	—	3.10
肉骨粉	3.00	—	1.00	—	—

（续）

适用阶段 饲料名称 （%）	雏鹅 0～4周龄	生 长 鹅		育成鹅	种 鹅
		4～8周龄	8周龄～上市		
糖蜜	3.00	1.00	3.00	3.00	3.00
麸皮	5.00	5.00	5.40	20.00	10.00
米糠	—	—	—	4.58	
玉米麸皮质粉	—	2.50	2.50	—	2.40
油脂	0.30	—	—		
食盐	0.30	0.30	0.30	0.30	0.30
磷酸氢钙	0.10	1.50	1.40	1.50	1.00
石灰石粉	0.74	1.20	0.90	1.10	4.90
赖氨酸					
蛋氨酸	0.10	0.04	0.04	0.02	0.01
预混料	0.50	0.50	0.50	0.50	0.50
营养成分					
粗蛋白质（%）	21.8	18.5	16.2	12.9	15.5
代谢能（兆焦/千克）	11.63	12.01	12.31	11.08	11.61
钙（%）	0.82	0.89	0.85	0.85	2.24
有效磷（%）	0.36	0.40	0.72	0.43	0.37
赖氨酸（%）	1.23	0.91	0.73	0.53	0.70
甲硫氨酸十胱氨酸（%）	0.78	0.66	0.59	0.44	0.55

表4-8 鹅的日粮配方示例2

适用阶段 饲料名称 （%）	雏鹅	生长鹅	种鹅（维持）	种鹅（产蛋）
黄玉米	56.7	67.85	61.8	58.35
脱脂大豆粉	23.6	16.0	7.2	18.0
大麦	10.0	10.0	25.0	10.0
肉骨粉	4.0	2.0	—	5.0

（续）

饲料名称 （%）＼适用阶段	雏鹅	生长鹅	种鹅（维持）	种鹅（产蛋）
脱水苜蓿粉	2.0	1.0	2.0	2.0
甲流氨酸	0.10	0.05	—	0.05
动物油脂	1.25	—	—	—
磷酸二氢钙	0.55	0.90	1.50	1.20
石灰石粉	0.4	0.8	1.0	4.0
碘盐	0.4	0.4	0.5	0.4
预混料	1.0	1.0	1.0	1.0
营养成分				
粗蛋白质（%）	20.5	16.4	12.3	18.3
代谢能（兆焦/千克）	12.51	12.73	12.49	11.88
能量蛋白比（%）	66	84	110	70
粗纤维（%）	3.0	2.8	3.3	2.9
钙（%）	0.78	0.77	0.76	2.40
有效磷（%）	0.41	0.37	0.37	0.57
赖氨酸（%）	1.05	0.77	0.49	0.87
蛋氨酸十胱氨酸（%）	0.75	0.60	0.43	0.62
维生素 A（国际单位/千克）	9 900	7 150	6 600	8 800
维生素 D_3（国际单位/千克）	1 320	1 100	880	1 650
烟碱酸（毫克/千克）	81.4	70.4	63.8	81.4

第二节　鹅的饲料生产质量要求

一、鹅的饲料原料质量要求

1. 饲料原料产地环境要求

（1）产地选择　鹅安全饲养的饲料原料产地应选择在生态条

件良好，远离污染源，并具有可持续生产能力的农业生产区域，尤其是选择具有绿色农产品质量标志的原料产地。

（2）环境空气质量　环境空气质量标准可参照国家环境保护局 1996 年 10 月 1 日实施的中华人民共和国国家标准（GB3095—1996）执行。见表 4 - 9。

表 4 - 9　环境空气质量标准（毫克/米³）

序号	项　目	场区	鹅 舍 区	
			雏鹅	成鹅
1	氨气	5	10	15
2	硫化氢	2	2	10
3	二氧化碳	750		1 500
4	可吸入颗粒物（标准状态）	1		4
5	总悬浮颗粒物（标准状态）	2		8
6	恶臭	50		70

（3）灌溉水质量　农田灌溉水质量应按中华人民共和国国家标准（GB5084—92）执行（表 4 - 10）。

表 4 - 10　农田灌溉水质量标准（毫克/升）

序号	植物分类 标准值 项　目		水作	旱作	蔬菜
1	生化需氧量（mD_5）	≤	80	150	80
2	化学需氧量（Dcr）	≤	200	300	150
3	悬浮物	≤	150	200	100
4	阴离子表面活性剂（LAS）	≤	5.0	8.0	50
5	凯氏氮	≤	12	30	30
6	总磷（以 P 计）	≤	5.0	10.0	10
7	水温（℃）	≤	35		
8	pH	≤	5.5～8.5		

（续）

序号	项目 / 标准值 作物分类	≤	水作	旱作	蔬菜
9	含盐量	≤	1 000（非盐碱土地区），2 000（盐碱土地区），有条件地区可以适当放宽		
10	氯化物	≤	2.50		
11	硫化物	≤	1.0		
12	总汞	≤	0.001		
13	总镉	≤	0.005		
14	总砷	≤	0.05	0.1	0.05
15	铬（六价）	≤	0.1		
16	总铅	≤	0.1		
17	总铜	≤	1.0		
18	总锌	≤	2.0		
19	总硒	≤	0.02		
20	氟化物	≤	2.0（高氟区）　3.0（一般地区）		
21	氰化物	≤	0.5		
22	石油类	≤	5.0	10	1.0
23	挥发酚	≤	1.0		
24	苯	≤	2.5		
25	三氯乙醛	≤	1.0	0.5	0.5
26	丙烯醛	≤	0.5		
27	硼	≤	1.0（对硼敏感作物，如马铃薯、笋瓜、韭菜、洋葱、柑橘等） 2.0（对硼耐受性较强的作物，如小麦、玉米、青椒、小白菜、葱等） 3.0（对硼耐受性强的作物，如水稻、萝卜、油菜、甘蓝等）		
28	粪大肠菌群数（个/升）	≤	10 000		
29	蛔虫卵数（个/升）	≤	2		

（4）土壤环境质量　原料产地可参照农业部制订的无公害食品保证蔬菜产地环境条件中土壤环境这类指标执行（表4-11）。

表4-11　土壤环境质量指标（毫克/千克）

项目	含量限值		
	pH<6.5	pH<6.5~7.5	pH>7.5
镉 ≤	0.30	0.30	0.60
汞 ≤	0.30	0.50	1.0
砷 ≤	40	30	25
铅 ≤	250	300	350
铬 ≤	150	200	250
铜 ≤	50	100	100

注：以上项目均按元素量计，适用于阳离子交换量>5毫摩尔（+）/千克的土壤，若≤5毫摩尔（+）/千克，其标准值为表内数值的半数。

2. 饲料原料品质要求

（1）饲料原料的质量管理

①严格挑选原料产地，稳定原料购买地。饲料企业原料采购人员，除要了解国内外饲料原料的价格外，还应了解企业所用各种原料的产地环境质量情况。一旦将原料产地确定后，除非遇到价格的过大波动，应长期稳定原料购买地，以充分保证原料的质量。

②实行原料质检一票否决制。为了及时检测原料质量，饲料厂家应建立化验室，除常规分析仪器外，更重要的是要配置显微检测仪器和有毒成分检测仪器。在初步确定原料产地后，购前应首先抽取产地的原料进行质检，尤其是对有毒有害物质的检测，然后按照质检情况来确定是否在该地购买此批原料。在确定原料购买地后，应以质定价，签订质量指标明确的合同。在原料进库前，应对原料进行认真地质量指标检验，对不合格的原料，坚决实行质检一票否决制。

（2）原料检测方法及质量控制

①样本采集。对于自检或送检的样本，应严格按照采样的要求，抽取平均样本。

②水分的控制。对自检或送检的样本，其入库前水分含量应严格限定在不高于 12%～13%。如果原料水量达 14.5% 以上，不但存放中容易发热霉变，而且会使粉碎效率降低。

③杂质程度的控制。饲料原料中杂质最多不得超过 2%，其中矿物质不得超过 1%。

④霉变程度的控制。饲料原料中可滋生的霉菌有 80 种以上，其中以烟曲霉菌的危害最为严重。因此，对贮存时间长久，已有轻微异味或结块的原料，应按要求采样，严格检测。

⑤注意其他有害成分。例如，棉子饼中的游离棉酚含量，菜子饼中的硫葡萄糖甙及其分解产物——异硫氰酸盐和恶唑烷硫酮的含量，大豆饼中的脲酶活性，矿物质饲料或工业下脚料中汞（<0.1 毫克/千克）、铅（<10 毫克/千克）、砷（<2 毫克/千克）的含量，必须严格控制。另外，注意鱼粉掺假掺杂，要进行显微检测。

（3）饲料原料的质量标准　为了控制各种饲料原料的质量，我国有关主管部门及农业部已颁布了各种饲料用原料的质量标准，规定了各种饲料的定义、要求、抽样、检验方法、检验规则及包装、运输、贮存要求，以用于收购、贮存、运输、加工、销售的商品性饲料用原料。现将常用原料的执行标准代号摘录如下，以供参考。

《饲料用玉米》GB/T 17890—1999、《饲料用螺旋藻粉》GB/T 17243—1998、《饲料用大豆粕》GB/T 19541—2004、《饲料用大豆》GB/T 20411—2006、《饲料用骨粉及肉骨粉》GB/T 20193—2006、《饲料用高粱》NY/T 115—1989、《饲料用稻谷》NY/T 116—1989、《饲料用小麦》NY/T 117—1989、《饲料用皮大麦》NY/T 118—1989、《饲料用小麦麸》NY/T 119—

1989、《饲料用木薯干》NY/T 120—1989、《饲料用甘薯干》NY/T 121—1989、《饲料用米糠》NY/T 122—1989、《饲料用米糠饼》NY/T 123—1989、《饲料用米糠粕》NY/T 124—1989、《饲料用菜子饼》NY/T 125—1989、《饲料用菜子粕》NY/T 126—1989、《饲料用棉籽饼》NY/T 129—1989、《饲料用大豆饼》NY/T 130—1989、《饲料用花生饼》NY/T 132—1989、《饲料用花生粕》NY/T 133—1989、《饲料用裸大麦》NY/T 210—1992、《饲料用次粉》NY/T 211—1992、《饲料用低硫苷菜子饼（粕）》NY/T 147—2000、《饲料用玉米蛋白粉》NY/T 685—2003、《饲料用酶制剂通则》NY/T 722—2003、《饲料用水解羽毛粉》NY/T 915—2004、《饲料用乳酸钙》NY/T 931—2005。

二、鹅的饲料添加剂质量要求

1. 饲料添加剂的加工要求

（1）维生素添加剂的加工要求 维生素预混料生产过程中质量控制有较大的难度，必须在下述几个关键环节中进行严格把关，方能取得理想的效果。

①配方设计。设计维生素预混料配方时，首先必须确定其适宜的添加水平。其次，要注意维生素的理化特性，防止配伍禁忌。

②原料选择。维生素制剂产品很多，不同产品在质量、效价、剂型、价格等方面存在很大差异，应用必须根据使用目的、生产工艺等条件进行综合考虑，选用效价高、稳定性好、剂型符合配合饲料生产要求，且价格低廉的产品。为使维生素的损失减少到最低限度，应选用粒度合适、水分含量低且不易参与化学反应的物质作为载体或稀释剂。

③加工工艺。在维生素预混料加工过程中，首先应保证严格

按配方要求正确投料。对称重设备应定期校准，严格操作程序，确保投料的准确性和稳定性。其次，要根据不同维生素添加剂产品的特性，采取不同的添加方法。再次，要保证预混料混合均匀，减少分级。

④包装及贮存。维生素预混料产品包装要求密封、隔水，真空包装更佳。最好采用铝箔袋真空包装，也可采用三合一纸袋（或纸箱）加塑料袋内衬包装。维生素预混产品的贮藏时间，一般要求在 1～2 个月内，最长不得超过 6 个月。产品一经开封后，须尽快用完。维生素预混料产品的贮藏条件要求环境干燥、避光、低温、通风。

（2）微量元素添加剂的加工要求　鹅饲料中需要另外添加的微量元素主要有铜、铁、锰、锌、钼、钴、硒等。生产微量元素预混料时，必须从以下几个方面对其质量进行调控。

①原料选择。原料选择既要考虑它们的生物学效价和稳定性，又要考虑经济效益。选择时应根据不同的情况进行综合考虑，选择最适宜的微量元素原料，必须符合饲料级矿物微量元素原料的国家标准。

②稀释剂和载体的选择。常作微量元素预混料的稀释剂和载体有：石粉、碳酸钙、贝壳粉等，这些稀释剂和载体要求在无水状态下使用。载体的粒度一般要求在 0.18～0.59 毫米。稀释剂的粒度比载体小，一般为 0.05～0.6 毫米。

③干燥处理。对于含水分高的微量元素原料（如各种微量元素的硫酸盐），易吸湿返潮和结块，粉碎性能及流动性较差，如果直接使用，不仅对本身离子易氧化变质、降低生物学效价，而且对饲料中的维生素有破坏作用，并影响饲料贮存期。因此，必须进行干燥处理以降低含水量，烘干温度应达 130℃以上。

④预粉碎。预粉碎的目的在于提高混合均匀度，有利于均匀混合、保证动物采食的概率相等，同时也有利于微量元素在肠胃中的溶解和吸收。添加量越少的组分，要求粉碎粒度也越小，但

碎过细也将带来许多不利的影响，如粉尘增加，流动性降低，制成的预混料质量差，一般要求粒径在 0.05～0.177 毫米。

⑤配料。饲料企业生产的产品，其成分与预先配方设计中的成分出现较大偏差的原因，除 30% 归咎于所使用的原料，其余 70% 应归咎于加工工艺的缺陷所致，特别是计量误差的倍增效应更不可忽视。

⑥质量检测。质量检测是微量元素预混料生产过程中保证产品质量的一个重要环节，必须做好如下工作：

a. 把好原料的进货质量关，根据配方所用的原料标准进行进货，严禁进入伪劣品。

b. 在生产过程中技术人员一定要监测，如发现原料达不到质量标准，应停止生产，不准投入到生产中。

c. 对成品要经常检测，对达标的就入库、出售，不达标的，不准入库、销售。

⑦包装与贮存。包装材料应选择无毒、无害、结实、防湿、避光的材料，要求包装严密美观。贮存在阴凉、干燥、通风的地方，一般湿度不宜超过 50%，温度不得超过 31℃。

2. 允许使用的饲料添加剂品种目录　允许使用的饲料添加剂品种目录已由农业部 1999 年 7 月 26 日以 105 号公告发布，并监督实施。该目录中规定的饲料添加剂名称总计达 173 种（类）。包括饲料级氨基酸（7 种），饲料级维生素（26 种），饲料级矿物质、微量元素（43 种），饲料级酶制剂（12 类），饲料级微生物添加剂（12 种），饲料级非蛋白氮（9 种），抗氧化剂（4 种），防腐剂、电解质平衡剂（25 种），着色剂（6 种），调味剂、香料（6 种），黏结剂、抗结块剂和稳定剂 13 种（类），其他（10 种）。实际应用时可参照执行。各类饲料添加剂的选用不仅要符合安全、经济和使用方便的要求；在使用前还应考虑添加剂的效价（质量）和有效期，而且，还必须注意其限用、禁用、用量、用法与配伍、禁忌等具体规定，做到心中有数。

3. 饲料和饲料添加剂的管理 饲料和饲料添加剂的管理应严格按中华人民共和国国务院于 1999 年 5 月 18 日发布并实施的《中华人民共和国饲料和饲料添加剂管理条例》执行。药物饲料添加剂的管理，依照《中华人民共和国兽药管理条例》的规定执行。凡计划从事饲料和饲料添加剂经营和生产的企业必须按此条例所规定的要求操作，违者将给予处罚。条例同时解释了营养性饲料添加剂、一般饲料添加剂和药物饲料添加剂的含义。

三、鹅的配合饲料的清洁化生产

1. 饲料生产企业的卫生及管理要求 饲料生产企业的工厂设计与设施卫生、工厂卫生管理和生产过程的卫生应符合 GB/T16764 配合饲料企业卫生规范的要求。工厂必须设置在没有有害气体、烟雾、灰尘和其他污染源的地区。厂房与设施的设计要便于卫生管理，便于清洗、整理。要按配合饲料、浓缩饲料生产工艺合理布局。厂房内应有足够的加工场地和充足的光照，以保证生产正常运转，并应留有对设备进行日常维修、清理的进出口。厂房与设施应有防鼠、防鸟、防虫害的有效措施。原料仓库或存放地、生产车间、包装车间、成品仓库的地面应具有良好的防潮性能，应进行日常保洁。生产加工车间内工人操作区的粉尘浓度应不大于 10 毫克/米^3，排放大气的粉尘浓度不大于 150 毫克/米^3。车间内必须具有通风、照明设施。

工厂必须设置与生产能力相适应的卫生质量检验机构，配备经专业培训、考核合格的检验人员。检验机构应设置检验室或化验室，并应具备检验、化验工作所需要的仪器、设备。检验室、化验室应按标准检验方法进行原料和产品检验，凡不符合标准的原料不准投产，不符合标准的产品一律不得出厂。

2. 饲料原料采购、运输和贮存的卫生 采购的饲料原料应符合《中华人民共和国饲料卫生标准》GB13078—2001 中的有关规定；采购的饲料添加剂应符合饲料添加剂的有关质量标准，不应采购国家明令禁止使用或不符合有关规定的饲料添加剂；采购的药物应按《中华人民共和国兽药典》、《中华人民共和国兽药管理条例》的有关规定。用于包装、盛放原料的包装袋和包装容器，必须无毒、干燥、洁净。运输工具应干燥、洁净，并有防雨、防污染措施。不得将原料与有毒、有害物品混装和混运。各类饲料原料及饲料添加剂应严格按照国家标准的要求贮存，不应与农药、化肥等非饲料和饲料产品贮存于同一场所。为防止加入药物添加剂的饲料产品生产过程中的交叉污染，在生产加入不同药物添加剂的饲料产品时，对所用的生产设备、工具、容器应进行彻底清理。

3. 配方技术　一个无公害的饲料配方，要具备无臭味（减少臭气对空气的污染）、消化吸收性能好（减少排泄物的污染），并能保证禽的生产性能好和疾病少等条件。因此，在进行设计时，应考虑这样几方面因素：一是减少使用消化率低和纤维含量高的原料；二是要以有效养分的需要量（如必需氨基酸的需要量）来进行饲料配方设计（以减少氮、磷及粪量排出）；三是减少含磷量（使用植酸酶和低植物性磷的饲料原料）和含盐量（食盐用量应低于 0.2%）；四是使用除臭剂（如活性炭、沙皂素、丝兰提取物和乳酸杆菌等）。

4. 生产工艺　饲料加工工艺与动物营养科学研究的有机结合将使得动物生产性能、畜禽健康和畜产品质量有更大的提高。在原料方面利用近红外技术可以使加工原料的检验速度和可追踪性大为提高。使用可靠快捷的定量、半定量诊断装置可以对原料中毒素、杀虫剂及其他污染物进行检测，从而为终产品质量的安全提供进一步的保障。在加工技术方面，制粒、膨化加工中对物料的调质和油脂、液体及药物添加技术将有重大改进。热加工工序后添加酶制剂、维生素、益生素的后添加技术将在很大程度上使上述物质避免热损害。

5. 环境控制 在饲料生产、加工、运输、贮存的各个环节中严格监控外源化学物质的污染，重点控制农药残留和工业"三废"对饲料的污染。防治病原微生物对饲料的污染，制订完善的沙门氏菌控制计划，对于可能携带沙门氏菌的肉骨粉进行高温或酸化处理，同时反刍动物的肉骨粉不能用作反刍动物饲料，以便切断传染性海绵状脑病病原进入食物链。加药饲料的生产按同种药物含量由多到少排序加工，然后用粉碎好谷物原料冲洗一遍，再加工休药期的原料，并定期清理粉碎、混合、输送、贮存设备和系统。

6. HACCP 管理 HACCP 管理是保证饲料和食品安全面对生产全过程实行的事前预防性控制体系。该管理体系已被世界许多国家采纳，有些国家还将其作为强制性管理模式加以推行。我国是世界第二饲料生产大国，确保饲料安全不仅对我国的食品安全战略至关重要，而且也对世界食品安全有着重要影响。从最近几年我国饲料安全管理的实践看，做好饲料安全管理工作应当有新思路。HACCP 管理是国际公认的一种先进管理模式和有效管理手段，值得在我国饲料行业管理中推行。当前我国饲料安全问题应该成为我国饲料生产企业和全行业管理的关键控制点，通过推行全新的 HACCP 管理体系，从根本上消除饲料安全隐患。

第三节　鹅的牧草种植

一、种草养鹅模式

1. 冬闲田种草养鹅 利用冬闲田进行"水稻-牧草-水稻"轮作，可以把丰富的水热资源转化为大量的优质青饲料，避免饲料与粮食和经济作物争地、争季节的矛盾。故发展冬闲田种草，是拓宽农业生产的时间和空间，发展高效的"粮-经-饲"三元种植结构的有效方式。另外，肉鹅还要适时上市，一般以 70～75 日龄上市最为经济。

多花黑麦草是与水稻轮作的最佳搭档品种。多花黑麦草不仅可以作为青饲料直接利用，而且可以制成青贮饲料或制成干草粉，也可以作放牧利用。多花黑麦草的品质优良，干草粗蛋白质含量为 15% 左右，产量高，每亩可产鲜草 5 000～8 000 千克。另外，多花黑麦草适合秋播或春播，在长江中下游地区适宜秋播，当外界温度降至 25℃ 以下时要尽可能早播，通常在 9 月中下旬播种，故黑麦草作为水稻的后茬，与水稻轮作，是比较合理的品种搭配。

在冬闲田种草养鹅的模式中，关键还要确定每亩牧草能喂养鹅的数量。养鹅过少，不能充分发挥牧草的效益，养鹅过多，牧草不够，必然要增加精料的投入，从而增加饲养成本，降低养殖效益。目前，以稻田套种黑麦草可适当混播少量的豆科牧草如紫云英、白三叶等，亩产鲜草量达 5 000～7 000 千克，而肉鹅饲养80 天上市，平均每只鹅食草 40 千克左右，故每亩养鹅的数量为100 只。

2. 果园种草养鹅 随着农业经济结构的调整，山地开发得到了大力发展，果园规模日益扩大。由于果园的林间隙大，种草养鹅不仅是对土地资源的利用，而且果牧结合，相得益彰。鹅在果园觅食，可把果园地面上和草丛中的绝大部分害虫吃掉，从而减少了害虫对果树的危害；同时，1 只鹅一年所产生的鹅粪含氮肥 1 000 克、磷肥 900 克、钾肥 510 克，如果按每亩种草供养 20只鹅计算，就相当于施入氮肥 20 千克、磷肥 18 千克、钾肥 10千克，既提高了土壤的肥力，促进果树生长，又节约了肥料，减少了投资；另外，果园种草养鹅，鹅舍可建在果园附近，一般离村庄都较远，从而减少了疾病传播的机会，有利于防疫。果园种草养鹅，一般选用黑麦草，也有选用苜蓿、三叶草的。果园套种草前先要做好规划：先在园中修建一个大水池，便于果园浇水和鹅戏水、交配等。保证水质质量，污染时即换新水，废水可用来浇灌果树。

3. 林间种草养鹅　随着我国退耕还林政策的实施，很多地方的树林种植面积越来越多，林间种草养鹅，养殖林地通风透光、氧气充足，又远离村庄，不易传染疾病。地上种树，树下养鹅，鹅粪为树提供养料。利用林间种草养鹅，成为农民致富，增加收入的有效途径。林间种草间作牧草的林木其行距以 2 米×3 米为宜，每亩植树 110 株左右。林间作的牧草品种有鲁梅克斯、苜蓿等。每亩每年可养鹅 4 茬，每茬 50 只。

4. 玉米地种草养鹅　"草—鹅—鲜食玉米"生态农业模式的优越性打破了传统的"稻—麦"轮作种植方式，实行"草—鹅—鲜食玉米"种、养结合模式，能够优化农业结构，实现资源循环利用，保护农业生态环境，提高农业生产的整体效益。该模式可根据市场需求，规模生产无公害的鲜食玉米和鹅，并将玉米秸秆和鹅粪作为肥料利用。鲜食玉米生产实行分期播种，均衡上市。种草养鹅利用鲜食玉米生长后期田间良好的温度和湿度等自然资源，使套种的牧草早播种、早出苗、早利用、多养鹅，达到免耕种草养鹅、省工节本增收的目的。

二、草种配套模式

养鹅的牧草在草种选择上除要考虑因地制宜外，还要合理搭配，因为单一草种不能达到营养全面，也很难做到全年供青；同时长短结合，以短期见效为主，将富含蛋白质的柔嫩多汁叶菜类和禾本科牧草相结合。

1. 籽粒苋、苦荬菜、谷稗配套种植　以籽粒苋为主，苦荬菜、谷稗为辅，这三种牧草均属 1 年生，生产性能好，营养价值高，在养鹅业中最为常见，适宜在全国各地种植，可春、夏、秋三季播种。籽粒苋抗旱，耐贫瘠，抗逆性强，生长迅速，再生快，高产优质，适口性好，营养丰富，尤其蛋白质、赖氨酸含量高。苦荬菜比籽粒苋更柔嫩，全株含有白色乳汁，适口性极好，可促进鹅的食欲，并有消炎祛火止痛防病灭疫作用。谷稗茎叶含糖量高，并且粗纤维含量适中，搭配饲喂可进一步增强适口性。在种植 1 亩籽粒苋、0.8 亩苦荬菜、0.7 亩谷稗的情况下，以 1：0.5：0.5 的鲜重比饲喂，可常年为 250～300 只鹅供青。

2. 菊苣（或鲁梅克斯）、谷稗（或御谷）配套种植　菊苣、鲁梅克斯均为多年生牧草，具有高产优质的特点，一年播种多年利用，第一年产量低，第二年进入盛产期。尤其菊苣适口性好，仅次于苦荬菜，每亩产量在 7 000 千克以上，供草期在 4～11 月份，在南方可大面积种植，但北方越冬困难；而鲁梅克斯抗寒性强，适于北方栽培，但在南方越夏困难，故不同地区可根据气候选用。在种植 1 亩菊苣（或鲁梅克斯）、谷稗（或御谷）的情况下，以 2：1 的鲜重比饲喂，可为 200 只鹅供青。

3. 菊苣、苦荬菜配套种植　鉴于菊苣有短暂的高温季节生长缓慢期，而苦荬菜 7～8 月份气温高时生长最旺盛，故此两种牧草兼种，可以互补。如果这种模式再辅以野草饲养，每亩可养鹅 300 只左右。第一批 4 月中旬进雏，每亩养 50 只，6 月下旬上市；第二批 5 月下旬进雏，每亩养 100 只，8 月上旬上市；第三批 6 月中旬进雏，每亩养 50 只，8 月下旬上市；第四批 8 月上旬进雏，每亩养 100 只，11 月份上市。

4. 黑麦草、苦荬菜轮作　黑麦草为禾本科草本植物，在春秋季生长繁茂，草质柔嫩多汁，适口性好，供草期为 10 月至次年 5 月，夏天不能生长；而苦荬菜喜温耐炎热，夏季生长十分旺盛，适应性强，鲜嫩适口，供草期为 5～9 月，故两者轮作可满足种鹅和商品鹅所需的常年牧草供应。

5. 多花黑麦草、籽粒苋轮作　多花黑麦草在 4～5 月份收割完后，立即种植籽粒苋，籽粒苋在 8～9 月份收割完后，在 9～10 月份立即种植多花黑麦草。籽粒苋的种植技术是每亩播种 0.5 千克，底肥用农家肥 3 000 千克、尿素 30 千克、钾肥 40 千克，追肥用农家肥 10 千克；播种方式用撒播、条播、穴播皆可，条播行距 25 厘米、穴距 25 厘米、播深 1 厘米。

另外，俄罗斯饲料菜、冬牧-70 的抗寒性都较强，枯黄晚，返青早，可作为初冬早春供青，也可混合青贮饲喂，还可适当搭配种植紫花苜蓿。与杂交狼尾草、多花黑麦草、饲用胡萝卜等辅助性饲草混合使用。

三、牧草的加工调制

牧草加工调制的目的，是改善其可食性、适口性，提高消化率、吸收率，减少饲料的损耗，便于贮藏与运输。青绿饲料与牧草加工调制的方法主要有以下几种。

1. 牧草的切碎与粉碎

（1）切碎 将鲜草、块根、块茎、瓜菜等青绿多汁饲料洗净切碎后直接喂鹅。切碎的要求是青料应切成丝条状，多汁饲料可切成块状或丝条。一般应随切随喂，否则很容易变质腐烂。

（2）粉碎 粗饲料如干草等，鹅难于食取，必须粉碎。谷实类饲料如稻谷、大麦等，有坚硬的皮壳和表皮，整粒喂雏鹅不易消化，也应粉碎。饲料粉碎后表面积增大，与鹅消化液能充分接触，便于消化吸收。

2. 青干草的加工调制 青干草调制时应根据饲草种类，草场环境和生产规模采取不同方法，大体上分自然干燥法和人工干燥法。自然晒制的青干草，营养物质损失较多，而人工干燥法调制的青干草品质好，但加工成本较高。

（1）适时收割 调制优质干草的前提是要保证有优质的原料，干草调制的首要问题是要确定适宜的收割期。因为同一种牧草，在不同的时间收割，其品质具有很大差异。对于豆科牧草而言，从其产量，营养价值和有利于再生等情况综合考虑，最适收割期应为现蕾盛期至始花期。而禾本科牧草在抽穗期至开花期刈割较为适宜。对于多年生牧草秋季最后一次刈割应在停止生产前30天为宜。

（2）调制方法

①自然干燥法。自然干燥法即完全依靠日光和风力的作用使牧草水分迅速降到17％左右的调制方法。这种方法简便、经济，但受天气的影响较大，营养物质损失相对于人工干燥法来说也比较多。自然干燥法又分地面干燥法和草架干燥法。

②人工干燥法。人工干燥法兴起于20世纪50年代，有常温鼓风干燥法和高温快速干燥法两种。常温鼓风干燥法是把刈割后的牧草压扁并在田间预干到含水50％，然后移到设有通风道的干草棚内，用鼓风机或电风扇等吹风装置进行常温鼓风干燥。高温快速干燥法则是将鲜草切短，通过高温气流，使牧草迅速干燥。干燥时间的长短，决定于烘干机的种类和型号，从几小时到几分钟，甚至数秒钟，牧草的含水量在短时间内下降到15％以下。和自然干燥法相比，人工干燥法营养物质损失少，色泽青绿，干草品质好，但设备投资较高。

3. 草产品的加工调制　草产品是指以干草为原料进行深加工而形成的产品。主要有草捆、草粉、草颗粒、草块等。

（1）草捆加工　打捆就是利用捡拾打捆机将干燥的散干草打成草捆的过程。其目的是便于运输和贮藏。在压捆时必须掌握好牧草的含水量。一般认为，在较潮湿地区适于打捆的牧草含水量为30％～35％；干旱地区为25％～30％。

（2）草粉加工　草粉加工所用的原料主要是豆科牧草和禾本科牧草，特别是苜蓿。全世界草粉中，由苜蓿加工而成的约占95％，可见苜蓿是草粉最主要的原料。草粉既可用干草加工，也可用鲜草加工。当用干草进行加工时，一定要选用优质青干草作为原料。若用鲜草直接加工，首先是将鲜草经过1 000℃左右高温烘干机烘干，数秒钟后鲜草含水量降到12％左右，紧接着进入粉碎装置，直接加工为所需草粉。既省去了干草调制与贮存工序，又能获得优质草粉，但制作成本高于前者。

（3）草颗粒加工　为了缩小草粉体积，便于贮藏和运输，可以用制粒机把干草粉压制成颗粒状，即草颗粒。草颗粒可大可小，直径为0.64～1.27厘米，长度为0.64～2.54厘米。草颗粒在压制过程中，可加入抗氧化剂，防止胡萝卜素的损失。在生产上应用最多的是苜蓿颗粒，占90％以上，以其他牧草为原料的草颗粒较少。

（4）草块加工　牧草草块加工分为田间压块、固定压块和烘干压块3种类型。田间压块是由专门的干草收获机械——田间捡拾压块机完成的，能在田间直接捡拾干草并制成密实的块状产品，田间压块要求干草含水量必须达到10％～12％，而且至少90％为豆科牧草。固定压块是由固定压块机强迫粉碎的干草通过挤压钢模，形成干草块。烘干压块由移动式烘干压块机完成，由运输车运来牧草，并切成2～5厘米长的草段，由运送器输入干燥滚筒，使水分由75％～80％降至12％～15％，干燥后的草段直接进入压块机压成直径为55～65毫米、厚约10毫米的草块。草块压制过程中可根据鹅的需要，加入尿素、矿物质及其他添加剂。

四、种草养鹅的注意事项

1. 选好草种　在选择草种上要把握好两点：一是要到信誉好的单位购买良种。引种最好到牧业部门、农业科研部门和正规的草业种子公司购买，千万不能贪图便宜购买劣质种子，以免种植后达不到预期效果，影响养鹅生产。二是根据鹅的消化特点，选择适宜养鹅的牧草品种。牧草主要分为禾本科牧草和豆科牧草，此外还有苋科的籽粒苋等。养鹅适宜种植禾本科牧草和苋科牧草，如黑麦草、鲁梅克斯、籽粒苋等。

2. 根据养鹅数量确定牧草的种植面积　按正常牧草的生产

性能，每亩牧草可产 5 000～15 000 千克鲜草，肉鹅育肥期按 80 天计算，可养鹅 100～150 只。但在生产实践中，气候和田间管理水平等影响牧草的产量，另外受肉鹅市场价格影响，出栏时间不确定。因此，在制订生产计划时可按每亩牧草饲养 100 只鹅确定牧草的种植面积。

3. 注意事项

（1）青绿饲料要现采现喂，不可长时间堆放，以防堆积过久产生亚硝酸盐，鹅食后易发生亚硝酸盐中毒。

（2）青绿饲料采回后，要用清水洗净泥沙，切短饲喂。如果鹅长期吃含泥沙的青绿饲料，可引发胃肠炎。

（3）不要去刚喷过农药的菜地、草地采食青菜或牧草，以防农药中毒。喷过农药后需经 15 天后方可采集。

（4）含草酸多的菜不可多喂。如菠菜、甜菜等。因草酸和日粮中添加的钙结合后可形成不溶于水的草酸钙，不能被鹅消化吸收，长时间大量饲喂青饲料，可引起鹅患佝偻病或瘫痪，母鹅产薄壳蛋或软蛋。

（5）某些含皂素多的豆科牧草喂量不可过多，因为皂素过多会抑制雏鹅生长。有些苜蓿品种中皂素含量高，因此，不能以青苜蓿作为唯一的青绿饲料。

（6）饲喂青绿饲料要多样化，这样不但可增加适口性，提高鹅的采食量，而且能提供丰富的植物蛋白和多种维生素。

鹅的养殖新技术

第一节　雏鹅的饲养管理技术

雏鹅的饲养是鹅安全生产的基础，是非常重要的生产环节。雏鹅饲养管理的好坏直接关系到雏鹅的成活率和生长发育，继而影响育成期的生长发育和种鹅的生产性能。因此，要高度重视育雏期的饲养管理，以培育出生长发育快、体质健壮、成活率高的雏鹅，为鹅的安全生产打好基础。

一、雏鹅的生理特点

1. 新陈代谢旺盛，生长发育快　雏鹅体温高，呼吸快，体内新陈代谢非常旺盛，需水较多，育雏时要供给充足的饮水，以利于雏鹅的生长发育。雏鹅早期生长发育较快，一般中小型鹅种出壳重仅 100 克左右，大型鹅重 130 克左右，20 日龄时，小型鹅种体重增长 6～7 倍，中型鹅种增长 9～10 倍，大型鹅种可增长 11～12 倍。如四川白鹅（中型鹅种）2 周龄体重达 388.7 克，是初生重的 4.3 倍；6 周龄重 1761 克，为初生重的 19.7 倍；10 周龄重 3 299 克，为初生重的 36.9 倍。故为保证雏鹅生长发育的营养需要，在饲养过程中必须饲喂营养价值较高的日粮。

2. 消化道容积小，消化机能差　雏鹅的消化道容积较小，肌胃的收缩能力较差，消化能力较弱，食物通过消化道的速度比雏鸡、雏鸭快得多。因此，在饲养管理上应该喂给营养全面、容易消化的全价饲料，以满足雏鹅生长发育的营养需要。在饲喂时还应做到少喂勤添，防止饲料浪费。

3. 体温调节机能较差 初生雏鹅体温调节机能尚未健全，对环境温度变化的适应能力较差且相当敏感，表现为怕冷、怕热、怕外界环境的突然变化，雏鹅出壳后，全身仅被覆稀薄的绒毛，自身产生的体热较少，保温性能较差，消化吸收能力又较弱，故对外界环境温度的变化缺乏自我调节能力，特别是对寒冷的适应性较差。随着雏鹅日龄的增加及羽毛的生长，体温调节能力逐步增强，到 10 日龄时逐渐接近成年鹅的体温（41～42℃），对外界环境温度的适应能力也随之增强。因此，在雏鹅的培育过程中，必须为雏鹅提供适宜的环境温度，以保证正常的生长发育，否则会出现生长发育不良、成活率低甚至造成大批死亡。

4. 抗病力差，较敏感 雏鹅抗病能力较差，容易感染各种疾病，加上高密度饲养，一旦发病，损失惨重。因此，应细心管理雏鹅，放牧放水应适时，同时应认真做好卫生防疫工作。雏鹅对饲料中各种营养物质缺乏或有毒物质过量、环境不适等变化抵抗力也较差，并且雏鹅胆小易受惊吓，故在饲养管理过程中应避免噪声及惊吓，非工作人员禁止进入育雏舍，尽量注意保持环境安静。

5. 公母雏生长速度差异较大 相同饲养管理条件下，育雏期公鹅比母鹅增重高 5%～25%，饲料报酬也较母鹅高。育雏期公母鹅分开饲养，60 日龄时的成活率比公母混养高 1.8%，耗料每千克体重少 0.26 千克，母鹅活重多 251 克。所以，育雏时应尽可能公母分群饲养，以获得更高的经济效益。

二、育雏前的准备

1. 资金筹备 根据具体情况准备相应的资金，如外购雏鹅需用购雏费、种草需用草籽费、精料费、水费、电费和防疫药品费等。

2. 育雏季节的选择 育雏季节的选择要根据种蛋的来源、当地的气候条件与饲料条件、人员的技术水平、市场的需要等因素综合确定，尤其是市场需要。一般来说，春季正是种鹅产蛋的旺季，可以大批孵化；天气逐渐转暖，有利于雏鹅的生长发育；春天百草萌发，可以为雏鹅的生长发育提供充足的青饲料，当雏鹅长到 20 日龄左右时，青饲料已能满足全天放牧，到 50 日龄左右进入育肥阶段时，正是麦收季节，可以利用收割后的麦田进行放牧育肥。所以，育雏一般选择在春季较好。但在南方地区（如广东），四季常青，11 月份前后开始育雏也较好，此时饲养条件好，雏鹅长得快，又可以赶上春节市场。随着育雏条件的改善，以及反季节鹅生产技术的提高，选择育雏季节可以有更大的机动性。

3. 制订育雏计划 育雏计划应根据饲养鹅的品种、进雏数量、进雏时间确定。首先根据进雏数量计算育雏面积，也可以根据育雏室的大小确定育雏数。建立、健全育雏记录制度，记录内容包括进雏时间、进雏数、品种、育雏期成活率、耗料量、采食、饮水情况等内容。

4. 雏鹅选择 雏鹅的选择包括品种的选择和雏鹅个体的选择。

（1）品种选择 选择饲养品种时应根据当地的消费习惯、饲养条件，选择适合当地饲养的品种或杂交鹅进行饲养。选择外来品种时要了解外来品种的特性、生产性能、饲养要求，然后才能引进饲养。肉仔鹅必须来自于健康无病、生产性能高的鹅群。

（2）雏鹅个体选择 健壮的雏鹅是保证育雏成活率的前提条件，对留种雏鹅更应该进行严格选择。合格的雏鹅具备以下特征：健壮活泼，眼睛灵活而有神，个体大而重，体躯长而阔，腹部柔软，脐部无出血或干硬突出痕迹；全身绒毛黄、松、洁净；蹠高而粗壮，趾爪无弯曲损伤；出壳时间正常。此外，所选雏鹅还应具有该品种的特征。若雏鹅的个体小而轻，眼睛无神，绒毛蓬乱干燥，腹部膨胀、硬实和畸形或缺损等，出壳又不准时者，都是不合格的雏鹅。引进的品种必须优良，种鹅必须进行过小鹅瘟、副黏病毒等疫苗的防疫，使雏鹅有足够的母源抗体保护。

5. 房舍及育雏设备准备 育雏前要对育雏室、育雏设备进行全面检查和检修。检查育雏室的门窗、墙壁、地面等是否完好，破损的地方要及时检修，彻底灭鼠，防止兽害。照明设备齐全，灯泡个数和分布按每平方米 3 瓦的照度安排设置。准备好育雏用具，如竹筐、塑料布、竹围、料槽（盘）、饮水器等常用育雏设施，清洗晒干备用。同时准备好育雏保温设备，如保温伞、红外线灯等。接雏前 5～7 天，对育雏室内外进行彻底清扫和消毒。育雏室和育雏用具用新洁尔灭进行喷雾消毒；墙壁、天花板可用 10%～20% 的石灰乳粉刷；地面用 0.1% 的消毒王溶液喷洒消毒，或用福尔马林熏蒸消毒（每立方米空间用 15 毫升福尔马林加 7 克高锰酸钾），密闭门窗 24 小时后开窗通风。垫料应选择干燥、松软、无霉烂的稻草、锯屑等，经暴晒后铺在地面，一起消毒。进雏前将育雏室温度调至 28～30℃，相对湿度 65%～75%，并做好各项安全检查。

6. 饲料与药品的准备 进雏之前还要准备好雏鹅饲料、常用药品、疫苗等。小规模饲养，雏鹅开食料可用小米或碎米，经浸泡或稍蒸煮后喂给，为使饲料爽口、不黏嘴，蒸煮后的小米或碎米应过一下水再喂给雏鹅；大规模饲养，可直接采用配合饲料，营养全面，适口性好，易消化，雏鹅生长快。鹅属于草食性家禽，饲养时要充分发挥雏鹅的原有特性，必须补充日粮中维生素的不足，可用幼嫩菜叶切成细丝喂给。一般每只雏鹅 4 周育雏期需准备精料 3 千克左右，优质青绿饲料 8～10 千克。育雏前还应准备好常用药品和疫苗。

三、育雏方式

1. 育雏形式

（1）地面育雏　在育雏室的地面上（最好水泥地面）铺上清洁干净的垫料，垫料可选择稻草（须切短）或锯屑、稻壳等保温性能好的材料，将雏鹅直接饲养在垫料上（垫料的厚度随季节而定，一般 3～5 厘米即可）。给温方式可选择保姆伞、红外线灯或火炕等，如图 5-1。这种饲养方式适合鹅的生活习性，可增加雏鹅的运动量，减少雏鹅啄羽的发生。室内设有饮水器、料槽以及取暖调温设备。垫料的需要量较大，容易引起阴雨天室内过于潮湿，因此，一定要注意保持室内垫料的干燥，保持通风良好。此方式投资少，简单易行，但占地面积多，劳动强度大，适合于小规模育雏。

图 5-1　地面育雏

（2）网上育雏　将雏鹅饲养在离地 50～60 厘米的铁丝网或竹板网上（网眼 1.25 厘米×1.25 厘米），这种饲养方式优于地面育雏，雏鹅的成活率较高。热源可选择红外线灯、烟道等方式，在同等热源的情况下，网上温度可比地面温度高 6～8℃，而且温度均匀，适于雏鹅生长，又可防止雏鹅扎堆、踩伤、压死等现象；减少雏鹅与粪便接触的机会，改善雏鹅的卫生条件，减少疾病的发生，从而提高成活率，还可增加饲养密度，如图5-2。

图5-2　网上育雏

2. 给温方式　育雏给温方式常见的有保姆伞、红外线灯、煤炉、地下烟道及火炕等形式。这些给温方式虽然消耗一定的能源，但育雏效果好，育雏数量大，劳动效率高。

（1）伞形育雏器　伞形育雏器俗称保姆伞，用木板或铁皮制成伞状罩，直径为1.5米，伞状罩最好做成夹层，中间填充玻璃纤维等隔热材料，以利保温。伞内热源可采用电热丝、电热板或红外线灯等。伞的边缘离地面高度为雏鹅背部高度的2倍左右，随着雏鹅日龄的增长，应调整高度。伞下应有高、中、低三个温区，可使雏鹅自由选择其适合的温区。此种育雏方式耗电多，成本较高，无电或供电不正常的地方不能使用。每个保姆伞可饲养雏鹅100～150只，需饮水器和料盘各4～6个。使用此类育雏器及其他加热设备时，都要注意饮水器和料盘不能直接放在热源下方或离热源过近，以免造成水分过度蒸发，导致湿度过大，饲料霉变，细菌孳生。同时，饮水器和料盘放置时要交替排列，以利于雏鹅采食。

（2）红外线灯育雏　直接在地面或网的上方吊红外线灯，利用红外线灯散发的热量进行育雏。红外线灯的功率为250瓦，每个灯下可饲养雏鹅100只左右，灯离地面的高度一般为10～15厘米。此法简便，可随着雏鹅的日龄调整红外线灯的高度。地面育雏或网上育雏都可以使用红外线灯供暖。利用红外线灯育雏，室内干净，空气好，保温稳定，垫草干燥，管理方便，节省人工，但耗电量大，灯泡易损坏，成本较高，无电或供电不正常的地方不能使用。

（3）地下烟道或火炕式育雏　炕面与地面平行或稍高，另设烧火间。此法提供的育雏温度稳定，由于雏鹅接触温暖的地面，地面干燥，室内无煤气，结构简单，成本低。由于地面不同部位的温度不同，雏鹅可根据其需要进行自由选择。用火力的大小和供热时间的长短来控制炕面温度，育雏效果较好，此法适合于北方育雏使用。

（4）烟道式育雏　由火炉和烟道组成，火炉设在室外，烟道通过育雏室内，利用烟道散发的热量来提高育雏室内的温度。烟道式育雏保温性能良好，育雏量大，育雏效果好，适合于专业饲养场使用。在使用时要注意防止烟道漏烟而导致一氧化碳中毒。

除这几种给温育雏方式以外，还可以采用自温育雏。自温育雏主要是利用雏鹅本身散发的热量进行雏鹅的培育，这种方式节省能源，不需要加温设备，但受环境和季节的影响较大，一般在每年的3～6月份和9～10月份可以采用，且每次育雏的数量有限。具体方法是将雏鹅放在箩筐内，利用其自身散发的热量来保持育雏温度。箩筐内铺垫草，当外界环境气温在15℃以上时，可将 1～5 日龄的雏鹅白天放在柔软的垫草上，用 30 厘米高的竹围围成 1 米² 左右的空间，每栏可养 20～30 只雏鹅，晚上把雏鹅放到育雏箩筐内，若温度过低，则可在垫草中放入热水瓶，利用热水瓶散发的热量供暖，热水瓶温度下降后可重新灌入热水。5 日龄以后，根据外界环境气温的变化，逐渐减少雏鹅在育雏箩筐内的时间，7～10 日龄以后将雏鹅就近放牧采食青草，然后逐渐延长放牧时间。注意保证育雏箩筐内垫草的干燥。

四、雏鹅的饲喂技术

1. 潮口　出壳后的雏鹅第一次饮水俗称"潮口"。出壳时，腹腔内未利用完的卵黄，可维持雏鹅 90 小时的生命，但卵黄的利用需要水分，如果喂水过迟，造成机体失水，雏鹅出现干爪现象，将严重影响雏鹅的生长发育。雏鹅出壳后 12～24 小时应饮水，当育雏室内 2/3 雏鹅有站立走动、伸颈张嘴、有啄食欲望时进行。多数雏鹅会自动饮水，对个别不会自动饮水的雏鹅要进行人工调教，将温水放入盆中，深度 3 厘米左右，把雏鹅放入水盆中，盘中水深度以雏鹅绒毛不湿为原则，将喙浸入水中，让其喝水，反复几次即可学会，之后全群模仿可学会饮水，如图 5-3。雏鹅第一次饮水，时间掌握在 3～5 分钟，在饮水中加入 0.01%

高锰酸钾，可以起到消毒饮
水，预防肠道疾病的作用，
一般用 2～3 天即可；饮水
中还可加入 5% 葡萄糖或按
比例加入速溶多维（每千克
饮水中加 1 克），可以迅速
恢复雏鹅体力，提高成
活率。

2. 开食　雏鹅第一次

图 5-3　雏鹅潮口

吃饲料俗称"开食"。开食时间一般在饮水后 15～30 分钟为宜。可将饲料撒在浅食盘或深色塑料布上，让其啄食。最好用颗粒料开食，将粒料磨碎，以便雏鹅的采食；也可以用黏性较小的籼米或"夹生饭"作为开食料，用清水淋过，使饭粒松散，吃时不黏嘴。刚开始时，可将少量饲料撒在幼雏的身上，以引起其啄食的欲望。每隔 2～3 小时可人为驱赶雏鹅采食，不会采食的雏鹅也要进行调教采食，雏鹅开食如图 5-4。第一次喂食不

图 5-4　雏鹅开食

要求雏鹅吃饱，吃到半饱即可，时间为 5～7 分钟。由于雏鹅消化道容积小，喂料应做到"少喂勤添"。一般从 3 日龄开始，用全价饲料饲喂，随着雏鹅日龄的增长，可逐渐增加青绿饲料或青菜叶的喂量，饲喂时在饲料中掺一些切成细丝状的青菜叶、莴苣叶、油菜叶等或直接喂给青饲料。雏鹅补喂青饲料如图 5-5、图 5-6。

图 5-5　雏鹅青饲料

图 5-6　雏鹅补喂青饲料

3. 饲喂次数及饲喂方法　初生雏鹅食道膨大部还不很明显，贮存饲料的容积还较小，消化道功能还没有经过饲料的刺激和锻

炼，肌胃磨碎饲料的能力还不强，消化功能尚不健全。因此要少喂勤添。喂料时为防止雏鹅专挑青料而少吃精料，可以把精料和青料分开，先喂精料再喂青料，这样可满足雏鹅的营养需要。随着雏鹅放牧能力的增强，可适当减少饲喂次数。雏鹅要饲喂营养丰富、易于消化的全价配合饲料和优质青饲料。饲喂次数及饲喂方法参考表5-1。

表5-1 雏鹅饲喂次数及饲喂方法

日　　龄	2～3	4～10	11～20	21～28
每日总次数（次）	6～8	6～7	5～6	3～4
夜间次数（次）	2～3	2～3	1～2	1
日粮中精料所占比例（%）	50	30	10～20	7～8

五、雏鹅的管理技术

1. 提供适宜的环境条件

（1）温度　刚出壳的雏鹅绒毛稀而短，体温调节功能较差，抗寒能力较弱，直到10日龄时才接近成年鹅的体温（41～42℃），因此，育雏期必须保证均衡的温度。保温期的长短，因品种、气温、日龄和雏鹅的强弱而异，一般需保温2～3周。育雏温度包括育雏室温度和雏鹅感知温度，一般讲的育雏温度是指育雏室内雏鹅背部高度处的温度（即雏鹅感知温度），而育雏室温度是指育雏室内两窗之间距离地面1.5～2米高处的温度。育雏温度控制应有高中低三个温区，以满足不同体质雏鹅的需要。

在实际的育雏过程中，判断育雏温度是否适宜，可根据雏鹅的活动状态来判断。温度适宜时，雏鹅表现出活泼好动，呼吸平和，睡眠安静，食欲旺盛，均匀分布在育雏室内；育雏温度过低时，雏鹅互相拥挤成团，似草垛状，绒毛直立，躯体蜷缩，发出

"叽叽"的尖叫声，雏鹅开食与饮水不好，弱雏增多，严重时造成大量的雏鹅被压伤、踩死；温度过高时，雏鹅表现为张口呼吸，精神不振，食欲减退，频频饮水，并远离热源，往往分布于育雏室的门、窗附近，容易引起雏鹅患感冒或呼吸道疾病。若出现异常应及时调整，育雏温度可按日龄、季节及雏鹅体质进行调整。育雏时，温度要平稳，不能忽高忽低。

（2）湿度　湿度对育雏的影响虽不像温度那样重要，但湿度往往与温度共同作用，对育雏的危害也比较大。鹅虽然属于水禽，但也怕潮湿，特别是30日龄以内的雏鹅。在低温高湿情况下，雏鹅体热散发过多而感到寒冷，互相拥挤、扎堆，易导致压死，同时容易患感冒等呼吸道疾病和拉稀，这也是导致育雏成活率下降的主要原因之一；高温高湿时，雏鹅体热的散发受到抑制，容易引起"出汗"，体热的积累造成物质代谢和食欲下降，抵抗力减弱，同时引起病原微生物的大量繁殖，易导致发病率增加。因此，育雏期间，育雏室的门窗不宜长时间关闭，要注意通风换气，防止饮水外溢，经常打扫卫生，保持舍内干燥。当采用自温育雏时，往往存在保温和防湿相矛盾的局面，加盖覆盖物时温度上升，湿度也同时增加，特别是雏鹅的日龄较大时，采食和排泄物增多，湿度往往更大。因此，在使用覆盖物保温的同时，不能密闭，应留有通风孔。鹅育雏期适宜温、湿度见表5-2。

表5-2　育雏期雏鹅适宜的温、湿度

日　龄	温度（℃）	相对湿度（%）	室温（℃）
1～7	32～28	60～65	15～18
8～14	28～24	60～65	15～18
15～21	24～20	65～70	15
21～28	20～16	65～70	15
29日龄以后	15	65～70	15

（3）通风　通风与温度、湿度三者之间应互相兼顾，在控制

好温度的同时，调整好通风。随着雏鹅日龄的增加，呼出的二氧化碳、排泄的粪便以及垫草中的氨增多，若不及时通风换气，导致舍内空气质量变差，将严重影响雏鹅的健康和生长。通风的程度一般控制在人员进入育雏室时不觉得闷气，没有刺眼、刺鼻的臭味为宜。夏秋季节，通风换气工作比较容易进行，打开门窗即可完成；冬春季，通风换气和室内保温容易发生矛盾，在通风前，可先使室温升高 2～3℃，然后逐渐打开门窗或换气扇，同时避免冷空气直接吹到鹅体。在雏鹅日龄较小时，每次通风换气的时间不能过长，一般控制在 2～3 分钟，以防使舍内气温下降过大，随着雏鹅日龄的增长，代谢产物的增加，可逐渐延长通风换气时间。通风时间多安排在中午前后，避开早晚时间外界环境气温较低的时候进行。

（4）光照　光照对雏鹅的健康影响较大。光照能提高雏鹅的生活力，增进食欲，有助于钙、磷的正常代谢，维持骨骼的正常发育；同时对仔鹅培育期性成熟也有影响，光照过度易导致种鹅性成熟提前，种鹅开产早，蛋形小，产蛋持久性差。如果天气比较好，雏鹅从 4～5 日龄起可逐渐增加舍外活动时间，以便直接接触阳光，增强体质。集约化育雏时，可采用人工光照进行补充，1～7 日龄 24 小时光照，8～14 日龄 18 小时光照，15～21日龄 16 小时光照，22 日龄后为自然光照，但晚上需开灯加喂饲料。

（5）饲养密度　雏鹅生长发育极为迅速，随着日龄的增长，体格增大，活动面积也增大，应注意及时调整饲养密度，并按雏鹅体质强弱与个体大小，及时分群饲养。雏鹅的饲养密度与雏鹅的运动、室内空气的新鲜与否以及室内温度有密切的关系。适宜的饲养密度，有利于提高群体的整齐度。密度过大，雏鹅生长发育受阻，甚至出现啄羽等恶癖；密度过小，则降低育雏室的利用率。一般育雏初期密度可稍大些，随着日龄的增加，密度逐渐降低。鹅育雏期适宜的饲养密度参见表 5-3。

表 5-3　雏鹅饲养密度（只/米²）

类　型	1 周龄	2 周龄	3 周龄	4 周龄
小型鹅种	12～15	9～11	6～8	5～6
中型鹅种	8～10	6～7	5～6	4
大型鹅种	6～8	6	4	3

2. 科学管理

（1）及时分群　分群方法通常有如下几种：一是根据品种、种蛋的来源、雏鹅出壳的时间及体重分群。二是根据雏鹅采食能力分群，凡采食快、食管膨大部明显的为强雏，凡采食慢、食管膨大部不明显的为弱雏，应按强弱分群饲养。三是根据雏鹅性别分群，用捏肛法或翻肛法区别雌、雄，将公、母雏分群饲喂。由于同期出雏的雏鹅强弱差异不同，在饲养过程中又会因各种因素的影响而导致强弱不均，因此还必须定期按强弱、大小分群，并将病雏及时隔离饲养，否则会导致强雏欺负弱雏，引起挤死、压死、饿死等意外，生长发育的均匀度将越来越差。此外，温度低时雏鹅喜欢聚集成群，易出现压伤、压死现象，所以，饲养人员要注意及时驱赶。雏鹅刚开始饲养时，一般为 300～400 只/群，第一次分群在 10 日龄时进行，每群数量为 150～180 只；第二次分群在 20 日龄时进行，每群数量为 80～100 只。

（2）适时脱温　过早脱温，雏鹅容易受凉而影响发育；给温时间过长，则易导致雏鹅体弱、抗病力差，容易得病。一般雏鹅的保温时间为 20～30 天，适时脱温可以增强雏鹅的体质。雏鹅在 4～5 日龄时体温调节能力逐渐增强。因此，当外界环境气温允许时，雏鹅在 4～5 日龄即可结合放牧和放水活动开始逐步脱温。但在夜间，尤其是凌晨 2：00～3：00 时，外界环境气温较低，应注意适当加温，以免雏鹅受凉。冷天在 10～20 日龄可以放牧放水，到 20 日龄时可以脱温，冬天可延迟到 30 日龄脱温。完全脱温时，要注意气候的变化，在脱温的头 2～3 天，若环境气温突然下降，也应适当给温，待气温回升后再完全脱温。

（3）雏鹅放牧　雏鹅适时放牧，有利于增强雏鹅适应外界环境的能力，增强体质。春季育雏，4～5日龄起即可开始放牧，选择晴朗无风的天气，喂料后放在育雏室附近平坦的嫩草地上，让其自由采食青草；夏季可提前1～2天，冬季则宜推迟。开始放牧的时间要短（20～30分钟），随着雏鹅日龄的增加，逐渐延长室外活动时间，以锻炼雏鹅的体质和觅食能力，逐渐过渡到以放牧为主。可减少精料的补饲，从而降低饲养成本。放牧时赶鹅要慢，放牧要与放水相结合，放牧地要有水源或靠近水源，将雏鹅赶到浅水处让其自由下水、戏水，可促进其新陈代谢，使其长骨骼、肌肉、羽毛，增强体质，有利于羽毛清洁，提高抗病力，不可将雏鹅强行赶入水中。初次放水约10分钟左右即将鹅群驱赶上岸，让其理毛、休息，待羽毛干后才可赶回鹅舍，以免受凉。

（4）加强卫生管理　保持饲料的新鲜卫生，经常打扫、清洁和消毒鹅舍内外，勤换垫料、清除粪便，保持环境干燥，坚持每天清洗饲槽和水槽，并定期消毒。

（5）防止应激　5日龄以内的雏鹅，每天喂料后，除给予10～15分钟的活动时间外，其余时间都应让其休息睡眠。所以，应保持育雏室内环境安静，严禁粗暴操作、大声喧哗引起惊群，同时，防止狗、猫、鼠等动物窜入室内。室内光线不宜过强，灯泡以不超过40瓦为好，而且要挂得高一些，只要能让雏鹅看到饮水、采食即可，以免引起啄癖，最好能安装蓝色灯泡，以减少灯光对雏鹅眼睛的刺激和啄癖的发生。

（6）做好疫病预防工作　雏鹅时期是鹅最容易患病的阶段，只有做好综合预防工作，才能保证高的成活率。雏鹅应隔离饲养，不可与成年鹅和外来人员接触。定期对雏鹅、鹅舍进行消毒。购进的雏鹅，首先要确定种鹅有无进行小鹅瘟疫苗免疫。种鹅在开产前 1 个月接种，可保证半年内所产种蛋含有母源抗体，孵出的小鹅不会得小鹅瘟。如果种鹅未接种，雏鹅在 3 日龄皮下注射稀释 10 倍的小鹅瘟疫苗 0.2 毫升，1～2 周后再接种 1 次；也可不接种疫苗，对刚出壳的雏鹅注射高免血清 0.5 毫升或高免蛋黄 1 毫升。

(7) 育雏期每日操作规程　挑出死病弱残雏（淘汰）→仔细观察雏鹅精神状态→观察温湿度→听叫声→观察粪便情况→清洗水槽、料槽→给水给料→饲喂青饲料→观察采食情况→记录→检查饱食度→打扫卫生→消毒或防疫→配料。

第二节　育成鹅的饲养管理技术

育雏期结束至开产前为种鹅的育成期。留作种用的仔鹅称后备种鹅，不能留种的鹅转入育肥群，经短期育肥后上市出售。为了培育出健壮、高产的种鹅，保证种鹅的质量，在种鹅的育成期对后备种鹅要进行严格地选择，并对后备种鹅进行正确地限制饲养。

一、育成鹅的生理特点

了解种鹅育成期的生理特点，科学地制订出相应的饲养管理方案，育成体质健壮、高产的种鹅群，具有重要的生产意义。

1. 消化道容积增大，耐粗放饲养　鹅的消化道极其发达，食道膨大部较宽大，富有弹性，一次可采食大量的青粗饲料。鹅消化道长是躯体长的 11 倍，肌胃肌肉厚实，肌胃收缩力比鸡大 1 倍，而且有发达的盲肠，消化饲料中粗纤维的能力达 40%～50%。雏鹅经过舍饲育雏和放牧锻炼，消化道容积逐步增大，采食量增加，新陈代谢旺盛，消化率和对外界环境的适应性及抵抗力增强。因此，在种鹅的育成期应以放牧为主，适当补料为辅，锻炼种鹅的体质，降低饲料成本。

2. 生长迅速　育成期是鹅骨骼、肌肉和羽毛迅速生长的时期，需加强放牧饲养和补给生长发育所需要的营养物质。如果补饲日粮的蛋白质较高，会加速鹅的发育，导致体重过大过肥，并促使其早熟，而鹅的骨骼尚未得到充分的发育，致使种鹅骨骼发育纤细，体型较小，提早产蛋，往往产几个蛋后又停产换羽。因此，种鹅的育成期应逐渐减少补饲日粮的饲喂量和补饲次数，锻炼其以放牧食草为主的粗放饲养，保持较低的蛋白质水平日粮，有利于骨骼、羽毛和生殖器官的充分发育。由于减少了补饲日粮的饲喂量，既节约饲料，又不致使鹅体过肥、体重过重，保持健壮结实的体格。

实践证明，放牧在草地和水面上的鹅群，由于经常处在空气新鲜的环境中，不仅能采食到含维生素和蛋白质丰富的青绿饲料，还能得到充足的阳光和有足够的运动，对促进机体新陈代谢有利，使育成鹅体质健壮，生长迅速。俗话说："鹅要壮，需勤放；要鹅好，放青草。"这充分说明放牧饲养对促进育成鹅生长发育的重要作用。

3. 合群性强、易于调教　合群性强、喜群居、神经类型敏感、易于形成条件反射是育成鹅的重要习性。因此饲喂、放牧、放水等日常管理工作每天有规律地进行，有利于鹅群形成条件反射，养成良好的生活规律，给放牧和规模化饲养提供有利条件。公鹅勇敢善斗、机警善鸣和相互呼应，常常防卫性地追逐生人，农户常用来守家。鹅属水禽，每天有近1/3的时间喜欢在水中活动。鹅体容易沉积脂肪，尾脂腺很发达，抗寒能力强。

4. 采食节律性　鹅群采食习惯是先采食一顿青草后，就地饮水，休息一会，再采食青草。放牧时要根据这一节律性，即"采食—饮水—采食"这一习性，有规律地放牧才能使鹅吃得饱、长得快。

二、育成鹅的限制饲养

育成期种鹅根据其生理特点，一般分为生长阶段、限制饲养阶段和恢复饲养阶段。饲养管理的重点是对种鹅进行限制性饲养，限制饲养应根据每个阶段的特点，采取相应的饲养管理措施，以提高鹅的种用价值。在限制饲养阶段后备种鹅体重可能会下降，此时体重适当减轻（但能维持生命）可以防止性成熟过早，是为了控制其适时性成熟并多产蛋的需要。

生长阶段是指 80～120 日龄的这一时期。此时期的中雏鹅处于生长发育时期，而且还要经过幼羽更换成青年羽的第二次换羽时期。这阶段需要较多的营养物质，不宜过早地进行粗放饲养，应根据放牧场地草质的好坏，逐渐减少补饲的次数，并逐步降低补饲日粮的营养水平，使青年鹅机体得到充分发育，以便顺利地进入限制饲养阶段。

1. 限制饲养的目的　对于产蛋种鹅而言，限制饲养的目的在于控制体重，防止过大过肥，使其具有适合产蛋的体况，使得后备种鹅适时地性成熟，比较整齐一致地进入产蛋期。如果不进行限制饲养，则个体间生长发育不整齐，开产时间参差不齐，导致饲养管理十分不便，加上过早开产的蛋较小，母鹅产小蛋的时间较长，种蛋的受精率低，达不到种用标准。通过限制饲养还可以训练后备种鹅耐粗饲的能力，培育成有较强的体质和良好的生产性能的种鹅；可以延长种鹅的有效利用期，节省饲料，降低成本，达到提高饲养种鹅经济效益的目的。此阶段一般从 120 日龄开始至开产前 50～60 天结束。

2. 限制饲养的方法　目前种鹅的限制饲养方法有两种：一种是减少补饲日粮的饲喂量，实行定量饲喂；另一种是限制饲料的质量，降低补饲日粮的营养水平。限制饲养时一定要根据放牧条件、季节以及鹅的体质，灵活掌握饲料配比和喂料量。在限料期应逐步降低饲料的营养水平，每日的喂料次数由 3 次减为 2 次，尽量延长放牧时间，逐步减少每次给料的量。限制饲养阶段，母鹅的日平均饲料量一般比生长阶段减少 50%～60%。后备种鹅经前期生长阶段的饲养锻炼，放牧采食青草的能力强，在草质良好的牧地，可不喂或少喂精料；放牧条件较差的时候适当补饲。舍饲的后备种鹅日粮中要加喂 30%～50% 的青绿饲料，供应饮水并注意补充矿物质及维生素。种鹅育成期喂料量的确定是以种鹅的体重为基础，体重的标准参见表 5-4。

表 5-4　种鹅育成期体重控制指标（千克）

周龄	小型鹅种		中型鹅种		大型鹅种	
	母	公	母	公	母	公
8	2.5	3.0	—	—	—	—
9	2.5	3.0	—	—	—	—
10	2.6	3.1	3.5	4.0	—	—
11	2.6	3.1	3.6	4.1	—	—
12	2.7	3.2	3.7	4.2	4.5	5.0
13	2.7	3.2	3.8	4.3	4.6	5.1
14	2.8	3.3	3.8	4.4	4.7	5.2
15	2.8	3.3	3.9	4.5	4.8	5.3
16	2.9	3.4	4.0	4.6	4.9	5.4
17	3.0	3.5	4.1	4.7	5.0	5.5
18	3.1	3.6	4.2	4.8	5.1	5.6
19	3.2	3.7	4.2	4.9	5.2	5.7
20	3.3	3.8	4.3	5.0	5.3	5.8
21	3.4	3.9	4.4	5.1	5.4	6.0
22	3.5	4.0	4.5	5.2	5.5	6.1
23	—	—	4.5	5.3	5.6	6.2
24	—	—	4.6	5.4	5.7	6.3

周龄	小型鹅种		中型鹅种		大型鹅种	
	母	公	母	公	母	公
25	—	—	4.7	5.5	5.8	6.4
26	—	—	4.8	5.6	5.9	6.6
27	—	—	4.9	5.8	6.0	6.7
28	—	—	5.0	6.0	6.1	6.8
29	—	—	—	—	6.2	7.0
30	—	—	—	—	6.3	7.2
31	—	—	—	—	6.4	7.4
32	—	—	—	—	6.6	7.6
33	—	—	—	—	6.8	7.8
34	—	—	—	—	7.0	8.0

注：各周龄鹅群的整齐度通常情况下应保证在80%以上。

为了控制鹅群的整齐度，从8周龄开始应每周对鹅群进行抽样称重，计算平均体重。方法是从8周龄开始，每周末或周一早上饲喂前空腹状态下随机抽样10%的个体，逐个称重，计算平均体重和群体的均匀度，然后与上表的标准体重进行比较，如在标准体重的上下2%范围内，则继续按既定的限饲程序进行；如超过2%，则本周每只每天减少喂料5～10克；如低于标准体重的2%，则本周每只每天加料5～10克，到下周再进行称重比较。称重时注意公母分开称重，分开计算。

3. 限制饲养期的管理 限制饲养阶段，无论给料次数多少，补料时间应在放牧前2小时左右，以防止鹅因放牧前饱食而不采食青草；或在放牧后2小时补饲，以免养成收牧后有精料采食，便急于回巢而不大量采食青草的坏习惯。限制饲养阶段的管理要点如下：

（1）合理分群 限制饲养阶段开始前，将鹅群按体重轻重分为大、中、小3群，按不同分量喂料。体重中等的按限制饲养方案进行饲养，体重重的比方案少喂 5%～10% 的饲料，体重轻的比方案多喂 5%～10% 的饲料。以后每周或每两周调整一次。

（2）注意观察鹅群动态 在限制饲养阶段，随时观察鹅群的精神状态、采食情况等，发现弱鹅、伤残鹅等要及时剔除，进行单独的饲喂和护理。弱鹅往往表现出行动呆滞，两翅下垂，食草没劲，两脚无力，体重轻，放牧时落在鹅群后面，严重者卧地不起。对于个别弱鹅应停止放牧，进行特殊管理，可喂以质量较好且容易消化的饲料，到完全恢复后再放牧。

（3）放牧场地选择 放牧场地的选择应考虑季节因素等，民间有"夏放麦茬，秋放稻茬，冬放湖塘，春放草塘"的说法。具体选择放牧场地时应选择水草丰富的草滩、湖畔、河滩、丘陵以及收割后的稻田、麦地等。放牧前还要调查牧地附近是否喷洒过有毒药物，否则，必须过 1 周或下过大雨后才能放牧。

（4）注意防暑 育成期种鹅往往处于 5～8 月份，气温高，放牧时应早出晚归，避开中午酷暑，早上天微亮就应出牧，上午10:00 左右将鹅群赶回圈舍，或赶到阴凉的树林下让鹅休息，到下午 3:00 左右再继续放牧，待日落后收牧，休息的场地最好有水源，以便于饮水、戏水、洗浴。

（5）搞好鹅舍的清洁卫生 每天清洗食槽、水槽，保持垫草和舍内干燥，定期进行消毒。育成初期的鹅抗病力还较弱，容易诱发一些疾病，最好在饲料中添加一些复合维生素等抗应激和保健药。放牧的鹅群易受到野外病原体的感染，应严格按照免疫程序接种小鹅瘟血清、禽流感疫苗、鸭瘟疫苗和禽霍乱疫苗。

三、育成鹅的恢复饲养

经限制饲养的种鹅，应在开产前 60 天左右进入恢复饲养阶段，此时种鹅的体质较弱，应逐步提高补饲日粮的营养水平，并增加喂料量和饲喂次数。日粮蛋白质水平控制在 15%～17% 为宜，每日喂2~3次。经20天左右的精心饲养，后备种鹅体重又会很快增加，体重可恢复到限制饲养前期的水平，并陆续换上新羽。为了缩短换羽时间，并使鹅群换羽时间整齐一致，可在体重恢复后进行人工强制换羽。强制换羽后应加强饲养管理，从而使后备种鹅整齐一致地进入产蛋期。

公鹅补料要提前进行以促进其早点换羽，早点恢复体质，以便在母鹅开产时有充沛的精力进行配种。

育成期如公母鹅分开饲养，则在母鹅开产前1个月左右将公鹅放入母鹅群。混群前应对公母鹅进行免疫和驱虫等工作。还要注意恢复饲养开始时喂料量不可提高得过快，要有一个过程，一般经4~5周过渡到自由采食，刚开始自由采食的鹅群采食量可能较高，几天后会恢复到正常水平，即每只每天采食配合饲料80~250克。

四、后备种鹅的适时开产

后备种鹅的开产时间需要采取综合控制措施。育成前期要保证骨骼的充分发育，育成中后期既要控制体重，防止过肥或过瘦，又要保证生殖器官的适度发育，防止开产过早或过晚。

1. 日粮营养水平及饲喂量的控制 后备种鹅在育雏期要充分满足雏鹅的生长发育，生长期要发育适度，限制饲养期要保持体重增减平稳，恢复期能快速恢复体重，使鹅群能适时同步进入产蛋期。为达到这样的目标，育雏期及生长期按常规饲养。从150日龄开始，饲料要逐步由粗变精，补饲只定时不定料、不定量，做到饲料多样化，补充矿物质和维生素饲料，使鹅增强体质、恢复体力、促使生殖器官快速发育，使母鹅体态逐步丰满。这样母鹅食量和体重增加很快，具有产蛋前的姿态，称为"小变"。然后饲料由精变多，增加饲料用量，让其自由采食，青饲料不中断。经过这种"催蛋料"的补饲，母鹅尾羽平伸，后腹下坠，耻骨开张，进入"大变"，使母鹅进入临产状态。

在舍饲条件下，后备种鹅的饲养标准是每千克饲料中含代谢能 10.88 兆焦，粗蛋白质 15%，粗纤维 9%，钙 1.65%，磷 0.45%，食盐 0.25%，赖氨酸 0.6%，蛋氨酸加胱氨酸 0.55%。先促进其生长发育，后控制其开产时间。补料用开产前的全价配合饲料，同时要注意不同品种鹅的日粮饲喂量应根据鹅的体重和体形发育情况灵活掌握。

2. 强制换羽 后备种鹅在育成期要进行 2 次换羽，自然条件下分别在 80 日龄和 140 日龄左右，如果在自然换羽的基础上进行人工强制换羽，既可以使鹅的换羽时间整齐划一，达到适当推迟开产时间，使开产整齐度好；同时还可以卖鹅绒增加养鹅的收入。

3. 控制光照 光照时间的长短及强度对后备种鹅的生长发育及性成熟有很大的影响。育成后期要注意控制好光照，而使后备种鹅适时开产。在放牧条件下，一般直接利用自然光照，临近开产前 6 周每天逐渐增加人工光照，使光照时间达到每天 16～17 小时。光照强度按 5 瓦/米^2 左右设计即可。

4. 加强管理 后备种鹅期羽毛已经丰满，抗寒能力较强，原先放牧饲养或舍饲与放牧相结合饲养方式的鹅仍要坚持放牧以利用天然饲料资源，降低饲养成本，以及进一步锻炼鹅群体质，防止过肥，保持种用体况。但母鹅已接近产蛋期，行动迟缓，放牧时不可急赶久赶，放至半饱时可把鹅群赶入水中令其自由活动，然后再将鹅群赶回草场放牧，吃饱后让其休息。后期应逐渐减少放牧时间，相应增加补饲量。在日常管理上要注意保持舍内外环境的清洁卫生和垫料的干爽，供给充足的饮水。在"小鹅瘟"流行的地区，种鹅要在开产前 1 个月，用小鹅瘟疫苗进行预防接种，这样母鹅产下的蛋，孵出的小鹅不会患小鹅瘟。

5. 育成期每日操作规程 挑出死病弱残个体（淘汰）→仔细观察育成鹅的精神状态→观察粪便情况→听叫声→饲喂青饲料

→限制给料（补料）→观察采食情况→挑出弱势个体单独饲养→记录→打扫卫生→消毒或防疫→配料。

第三节 种鹅的饲养管理技术

一、种鹅的饲养方式

1. 放牧饲养 一般农家小规模饲养几十至几百只种鹅可以选择放牧饲养方式。利用天然的草地资源，种鹅常年以放牧为主，如图5-7。

图5-7 放牧饲养

（1）鹅群的大小 放牧鹅群大小控制是否得当，直接影响到鹅群的生长发育和群体整齐度，如果放牧场地较小，青绿饲料较少，而鹅群又过大，则必定影响鹅的生长发育，导致补饲量增大，增加了养鹅的成本。因此，一定要根据放牧场地的大小、青绿饲料生长情况、草质、水源情况、放牧人员的技术水平和经验以及鹅群的体质状况来确定放牧鹅群的大小。对于草多、草好的山、坡、果园等，以100～200只为一群，采取轮牧的方式较好。

（2）放牧场地的选择与利用 放牧的场地应具备以下四个条

件：第一，要有鹅喜欢采食的牧草。第二，要有清洁的水源。第三，要有树或者其他可以遮阴的物体，以供鹅群避阳休息。第四，道路比较平坦。选择有丰富的牧草、草质优良、靠近水源的地方放牧鹅群。广大农村的荒山草坡、林间地带、果园、田埂、堤坡、沟渠河塘边等，均是良好的放牧地。放牧时，搭临时鹅棚，鹅群放牧到哪里，就在哪里留宿，这样便可减少来往路上的时间，增加鹅群觅食时间。放牧时间长短视鹅日龄大小而定，农谚有"鹅吃露水草，好比草上加麸料"的说法。当鹅尾尖、身体两侧长出毛管，腹部羽毛长满、充盈时，实行早放牧，尽早让鹅吃上露水草，除雨天外可整天放牧。40日龄后鹅的全身羽毛较丰满，适应性强，可尽量延长放牧时间，做到"早出牧，晚收牧"。"养鹅不怕精料少，关键在于放得巧"，放牧时把青草丰茂的地方留到早晚采食高峰时放牧，或者实行分区轮牧，既能节约青饲料，又能使鹅群得到充分运动，有利于鹅的快速增重。放牧时要根据鹅"采食→休息→采食"周而复始的特点，让鹅吃饱喝足。放牧鹅群以狭长方形为好，出牧与收牧时驱赶速度要慢，防止践踏致伤。放牧速度要做到空腹快，饱腹慢，草少快，草多慢。

（3）鹅群的调教　鹅的合群性强，可塑性大，胆小，对周围环境的变化十分敏感。在放牧前，应根据鹅的行为习性，调教鹅的出牧、归牧、休息、下水等行为，放牧人员加以相应的信号，使鹅群建立起相应的条件反射，养成良好的生活规律，便于放牧管理。如果用小红旗或彩棒作指挥信号，在雏鹅出壳时就应让其看到，以后在日常饲养管理中都用小红旗或彩棒来指挥。旗行鹅动，旗停鹅止，并对喂食、放牧、收牧、下水行为等逐步形成固定的"语言信号"，形成条件反射。在训练调教鹅群时要本着"人鹅亲和，循序渐进，逐渐巩固，丰富调教内容"的原则进行。训练合群，将小群鹅并在一起喂养，令其相互认识，相互亲近，彼此熟悉，不啄斗，几天后继续扩大群体，加强合群性。训练鹅群适应环境、放牧，不忌各种声音、习惯、颜色变化，防止惊场、炸群。

在鹅群的管理过程中，除了对鹅群的行为进行调教外，鹅群对信号的反应和条件反射建立的程度有强弱、快慢之分，为了使调教信号都能达到预期的效果，还要培育和调教"头鹅"，即领头鹅，依靠鹅群中头鹅的作用，使其引导、爱护、控制鹅群，达到更有效地管理好放牧鹅群的目的。头鹅身上要涂上红色标志，便于寻找。放牧只要综合运用指挥信号和"语言信号"，充分发挥头鹅的作用，就能做到招之即来，挥之即去。放牧员要固定，不宜随便更换。

2. 舍饲饲养　规模化种鹅场多采用舍饲的方式饲养种鹅，如图 5-8，种鹅常年饲养于鹅舍内。舍饲时，必须保证鹅群的营养供应，包括供给全价饲料和优质牧草等，特别要注意矿物质和维生素的供给。还要保证鹅群的运动量，舍饲中的鹅群，运动量受到较大的限制，不利于雏鹅骨骼的生长发育，因此在建设鹅舍时要规划出足够面积的运动场。在运动场边上修建戏水池，戏水池要有一定的宽度和深度，以满足种鹅洗浴、戏水、交配的需要。同时应加强戏水池的水质管理，定期换水，保持水池的清洁卫生，

图 5-8　舍饲饲养

舍内外也要坚持每天打扫，定期消毒。饲养管理制度要稳定，不能随意更改。这种饲养方式投入高，生产水平也高，有利于规模化生产、鹅群的选育与研究、净化疫病、防疫和环境保护等。这种饲养方式一般为育种场和祖代场以及农区父母代种鹅规模化生产场所使用。采取这种饲养方式时要有配套的牧草种植基地。

3. 舍饲与放牧结合饲养　中小规模饲养种鹅时，采用舍饲与放牧相结合的饲养方式比较适合，晚上赶回圈舍过夜。一定时间的放牧运动，可以满足种鹅觅食、光照、洗浴、交配的需要。在放牧时应注意以下问题：第一，放牧地点应选择离鹅舍较近且地面平坦的草地。第二，对鹅群要慢慢驱赶，上下坡时要注意避免鹅群拥挤而导致跌伤。放牧前要熟悉当地的草地和水源情况，掌握农药的使用情况。一般春季放牧采食各种青草、水草；夏秋季放牧于麦茬地、收割后的稻田；冬季放牧湖滩、沟河边。种鹅喜欢在早晚交配，因此在早晚要各放水一次，以利于提高种蛋的受精率。

舍饲与放牧相结合也可以是在种鹅饲养的不同阶段分别采取舍饲或放牧的饲养方式。如育雏期舍饲，育成期尽量放牧，产蛋期基本舍饲，休产期再全面进行放牧饲养。这种方式有利于充分利用自然资源，节约成本，提高养鹅的经济效益。饲养规模可以比单纯放牧饲养的更大些，但一般适用于父母代或单一的地方品种饲养。

4. 生态养鹅　鹅属于草食性家禽，因此，在养鹅生产中离不开牧草。我国牧草资源丰富，在养鹅生产中充分利用牧草，既可以节约生产成本，又有利于生态发展。牧草种类繁多，大部分都能被鹅采食，但天然牧草生长季节性强、产量低，可以采用人工草地或与其他作物套种的模式。

二、产蛋鹅的饲养管理技术

1. 开产母鹅的识别　母鹅在产蛋期前，经过良好的饲养管理，体重逐渐恢复，换毛完毕，便陆续进入产蛋期。临产母鹅，体质健壮，生殖器官已得到较好的发育，体态丰满，性情温驯，全身羽毛紧凑，光泽鲜艳，颈毛光滑紧贴，尾毛平直，肛门呈菊花状，腹部饱满，松软且有弹性，耻骨距离增宽，食量加大，喜欢采食矿物质饲料，行动迟缓，常常表现出衔草做窝的行为，母鹅的头经常点水，寻求公鹅配种。母鹅出现这些现象时，说明已临近产蛋期，很快将开始产蛋。

2. 日粮配合和饲喂方式　放牧鹅群要加强放牧，使用种鹅产蛋期日粮适当补饲，并逐渐增加补饲量。舍饲的鹅群还应注意日粮中营养物质的平衡，使种鹅的体质得以迅速恢复，为产蛋积累营养物质。

由于种鹅连续产蛋，消耗的营养物质特别多，特别是蛋白质、钙、磷等营养物质。如果饲料中营养不全面或某些营养物质缺乏，则易造成产蛋量的下降，种鹅体况消瘦。因此，产蛋期种鹅日粮中在保证其他养分的前提下，蛋白质水平应逐渐增加到18%～19%，才有利于提高母鹅的产蛋量。

随着鹅群产蛋量的上升，要适时调整日粮的营养浓度。建议产蛋初期母鹅日粮营养水平为：代谢能 10.88～12.13 兆焦/千克、粗蛋白质 15%～17%、粗纤维 6%～8%、赖氨酸 0.8%、蛋氨酸 0.35%、胱氨酸 0.27%、钙 2.25%、磷 0.65%、食盐 0.5%。参考饲料配方：玉米 63.5%、豆粕 15%、芝麻饼 7.0%、麦麸 5.0%、菜子饼 1.3%、石粉 4.6%、磷酸氢钙 1.7%、食盐 0.4%、预混料 1.5%。

产蛋期种鹅一般每日补饲 3 次，早上 9：00 喂第一次，然后在附近水塘、小河边休息，草地上放牧；中午喂第二次，然后放牧；傍晚回舍在运动场上喂第三次。回舍后在舍内放置矿物质饲料和清洁饮水，让其自由采食饮用。具体补饲量应根据鹅的品种确定，一般大型鹅种 180～200g，中型鹅种 130～150g，小型鹅种 90～110g。补饲量是否恰当，可根据鹅粪来判断，如果粪便粗大、松软呈条状，轻轻一拨就分成几段，说明鹅采食青草多，消化正常，用料合适；如果粪便细小结实，断面呈粒状，则说明采食的青草较少，补料量过多，消化吸收不正常，容易导致鹅体过肥，产蛋量反而不高，可适当减少补料量；如果粪便色浅而不成形，排出即散开，说明补饲用量过少，营养物质缺乏，应增加补饲量。喂料要定时定量，先喂精料再喂青料，青料可不定量，让其自由采食。

3. 适宜的公母配种比例　为提高种蛋的受精率，除考虑种鹅的营养需要外，还必须注意鹅群的健康状况，提供适宜的公、母配种比例。由于鹅的品种不同，公鹅的配种能力也不同。配种比例一般小型鹅种1∶6～7，中型鹅种1∶4～5，大型鹅种1∶3～4。提供理想的水源对于提高种蛋的受精率具有重要的意义，产蛋前期，母鹅在水中往往围在公鹅周围游水，并对公鹅频频点头亲和，表示出求偶的行为。因此，要及时调整好公、母鹅的配种比例。

4. 产蛋期种鹅的管理

（1）产蛋管理　母鹅产蛋期间，加强对产蛋的管理，有利于提高种蛋的数量及合格率。

①勤拣蛋。母鹅产蛋期间要勤拣蛋，一般每天拣蛋4～6次，并注意保持种蛋的清洁，拾起来的蛋，钝端向上，铺平存放。而且上午放牧的场地应尽量靠近鹅舍，以便部分母鹅回窝产蛋，从而减少种蛋的丢失和破损。

为了便于拣蛋，必须训练母鹅在固定的鹅舍或产蛋棚中产蛋，特别对刚开产的母鹅，更要多观察训练。母鹅产蛋时间大多数在深夜2∶00至早上8∶00左右，下午产蛋的较少。母鹅产蛋的持续时间是很不一致的，一般是隔天产1枚，有的隔两天产1枚。广东鹅一般每窝产蛋6～9枚，每年产蛋3～4窝，有的5窝。每产完一窝之后，即开始抱窝，醒抱后经14～25天再次产蛋。

②防止窝外产蛋。母鹅具有在固定位置产蛋的习惯，生产中为了便于种蛋的收集，要在鹅舍附近搭建一些产蛋棚，长 3.0 米，宽 1.0 米，高 1.2 米，每千只母鹅需搭建 3 个产蛋棚，产蛋棚内地面铺设软草做成产蛋窝，尽量创造舒适的产蛋环境。产蛋时可有意训练母鹅在产蛋棚内产蛋，一般经过一段时间的训练，绝大多数母鹅都会在产蛋棚产蛋。母鹅在棚内产完蛋后，应有一定的休息时间，不要马上赶出产蛋棚。另外，如发现有的初产母鹅不是回舍内产蛋，而是在草丛中产蛋，则将母鹅连同所产的蛋一同带回舍内放到产蛋窝中，并用竹箩筐盖住，经过 1～2 次训练，鹅便可习惯回舍内产蛋了。若让母鹅养成在外随处产蛋的习惯，以后这种习惯就很难纠正，容易漏蛋。

（2）环境控制

①注意保温。鹅产蛋适宜的温度为 18～20℃，严寒的冬季正赶上母鹅临产或开产的季节，要注意鹅舍的保温。夜晚关闭鹅舍所有门窗，门上要挂棉门帘，北面的窗户在冬季要封死。鹅舍最好设有保温取暖设备，以充分发挥鹅的产蛋性能。为了提高舍内地面的温度，舍内要多加垫草，还要防止垫草潮湿。天气晴朗时，注意打开门窗通风，降低舍内湿度。受寒流侵袭时，要停止放牧，多喂精料。冬天放水后要让鹅理干羽毛再赶入舍内。

②补充光照。鹅对光照反应也很敏感，补充光照可使产蛋量增加，特别是产蛋量低的品种。产蛋期种鹅的适宜光照为每天 12～14 小时。舍饲产蛋种鹅在日光不足时可进行人工补充光照，每平方米 5～8 瓦的白炽灯即可维持正常的产蛋需要，灯与地面的距离为 1.75 米高。补充光照应在开产前一个月开始较好，由少到多，直至达到适宜的光照时间。在自然光照条件下，母鹅每年（产蛋年）只有 1 个产蛋周期，采用人工光照后，可使母鹅每年有 2 个产蛋周期，多产蛋 5～20 枚。但不同品种在不同季节所需光照也不同，如四季鹅，每个季度都产蛋，故每个季度所需光照也不同。

③通风与卫生。产蛋鹅代谢旺盛，要求空气新鲜。饲养密度在冬季可每平方米 5～7 只，夏季应少些，每平方米 3～4 只。运动场要定时打扫，清除粪便与杂物，舍内垫草须勤换，定时清理鹅粪。鹅舍和运动场还要定期消毒，防止传染病和其他疫病的发生。

（3）合理交配　为了保证种蛋有较高的受精率，除了对种鹅要喂以足够的优质饲料，以使其身体健壮外，还要合理确定公母鹅的比例。鹅的自然交配在水面上完成，除了东北鹅可在陆地上配种外，大多数鹅需在水上配种。因此，要提供一合适水塘或水池供鹅配种用。种鹅在早晨和傍晚性欲旺盛，要利用好这两段时间，早上放水要等大多数鹅产蛋结束后进行，晚上放水前要有一定的休息时间。

（4）搞好放牧管理　母鹅产蛋期间，应就近放牧，避免走远路引起鹅群疲劳，便于母鹅回舍产蛋。放牧过程中，特别应注意防止母鹅跌伤、挫伤而影响产蛋。

（5）预防应激　在种鹅的饲养管理过程中存在着多种应激因素，如厮斗、拥挤、驱赶、气候变化、设备变换、光照变化、饲料改变、大声吆喝、粗暴操作、随意捕捉等，都会影响鹅的生长发育和产蛋量。应激理论近年来已被普遍应用于养鹅生产中，应避免养鹅环境的突然变化，饲料内添加维生素 E 有缓减应激的作用。

（6）控制就巢性　我国许多鹅品种在产蛋期间都表现出不同程度的就巢性（抱窝），对产蛋量造成很大的影响。如果发现母鹅有恋巢表现时，应及时隔离，将其关在光线充足、通风凉爽的地方，只给饮水不喂料，2～3 天后喂一些干草粉、糠麸等粗饲料和少量精料，使其体重不过于下降，待醒抱后能迅速恢复产蛋。也可使用市场上出售的"醒抱灵"等药物促其醒抱。

（7）产蛋期每日操作规程　挑出死病弱残个体（淘汰）→拣蛋→仔细观察产蛋鹅精神状态→观察粪便情况→听叫声→饲喂青

饲料→给饲精料→观察采食情况→记录→打扫卫生→消毒或防疫→配料。

5. 建立生产记录档案　种鹅场应有完整的生产记录档案，生产记录档案包括进雏日期、进雏数、雏鹅来源、饲养人员等。每日生产记录包括：日期、日龄、死亡数、死亡原因、存栏数、温湿度、免疫记录、消毒记录、用药记录、喂料量、添加剂的使用、鹅群健康状况、出售日期、数量、购买单位等等。每批种鹅的生产记录应保存 2 年以上，以便检查。

6. 人工授精种鹅的饲养管理　随着技术的发展，对鹅的人工授精技术的研究也越来越深入，在实际生产中也逐步应用起来。对于进行人工授精的种鹅饲养管理应从以下几个方面入手。

（1）公母分群饲养　在种鹅开产前 1 个月，将公母鹅分开饲养，可采用舍饲方式，给种鹅喂配合日粮，其中粗蛋白质含量为 16%～17%，代谢能 10.45 兆焦/千克。每天喂料 2 次，随着产蛋期的接近，日喂料量逐渐增加，并供给足够的饮水和青绿饲料，满足种鹅营养的需要。开产后，母鹅按常规饲养，公鹅在常规饲养的基础上适当补充微量元素。

（2）营养水平　配种期间公鹅的营养水平对繁殖性能的影响是非常重要的，因此，配种期间公鹅饲喂必须定时定量，且青粗饲料的比例不宜过高，防止采精时粪便污染精液。每只种公鹅每天的干物质采食量要控制在 250 克以内，饲料中粗蛋白质含量保持在 14%，并主要补充矿物质及维生素添加剂，尤其要注意维生素 A、维生素 D、维生素 E 的供给量，以促进性腺的发育和增强生殖功能，提高种鹅的繁殖能力，保证正常的种蛋受精率。

（3）加强管理　收集种蛋期间，每天至少应拣蛋 3 次，以防止种蛋长时间留在产蛋箱内而增加被污染的机会，或者被母鹅孵化而影响种蛋质量。搞好清洁卫生工作，为种鹅提供良好的饲养环境。种鹅饲养期间还应严格执行各项卫生防疫制度，保证种鹅健康，保证种蛋的质量。

总之，鹅群进入产蛋期以后，饲养管理要围绕提高产蛋率，增加合格种蛋数量来进行。而对于实行人工授精的种鹅来说，饲养管理的要求应更高些，这样才能保证种鹅生产性能的充分发挥和提高种鹅的繁殖性能。

三、休产鹅的饲养管理

种鹅的产蛋期长的有 8～9 个月。产蛋期除受品种影响外，各地区气候不同，产蛋期也不一样。我国南方集中在冬、春两季产蛋，北方则集中在 2 月份～6 月初。产蛋末期产蛋量明显减少（产蛋率降至 5％以下），畸形蛋增多，公鹅的配种能力下降，种蛋受精率降低，大部分母鹅的羽毛干枯，种鹅进入持续时间较长的休产期。

1. 整群与分群 为了保持鹅群正常的繁殖力，每年休产期间要对鹅群进行整群，淘汰低产、伤残、患病的种鹅，同时补充优良鹅只作为种用，以保证种鹅的生产规模。常用的整群方法如下：

（1）全群更新 将原来饲养的种鹅全部淘汰，全部选用新鹅来代替。种鹅全群更新一般在饲养 3～5 年后进行，如果产蛋率和受精率都较高的话，可适当延长 1～2 年。

（2）分批更新 鹅繁殖的季节性较强。一般每年的春天 4～5 月份开始陆续停产换羽，这时可先淘汰那些已换羽的公母鹅，以及伤残个体；然后再淘汰那些没有产蛋但未换羽，耻骨间距在 3 指以下的鹅，同时淘汰多余的公鹅，淘汰的种鹅作为肉鹅育肥出售。同时每年按比例补充新的后备种鹅，重新组群。公鹅的利用年限一般为 2～3 年，母鹅一般为 3～5 年。一般母鹅群的年龄结构为：1 岁鹅占 30％，2 岁鹅占 25％，3 岁鹅占 20％，4 岁鹅占 15％，5 岁以上的鹅占 10％。根据上述年龄结构，每年休产期要淘汰一部分低产老龄鹅，同时补充新种鹅，新组配的鹅群必须按公、母鹅比例同时更新公鹅。

种鹅在休产期，为了使公母鹅能在休产期后期达到最佳的体况，保证较高的受精率，以及在活拔羽绒后管理方便，整群后要实行公母鹅分群饲养。

2. 强制换羽　在自然条件下，母鹅从开始脱羽到新羽长齐需较长的时间。换羽有早有迟，其后的产蛋也有先有后。为了缩短换羽的时间，换羽后产蛋比较整齐，可采用人工强制换羽。

人工强制换羽是通过改变种鹅的饲养管理条件，促使其换羽。换羽之前，首先清理鹅群，淘汰产蛋性能低、体型较小、有伤残的母鹅以及多余的公鹅。其次停止补充光照，停料 2～3 天，只提供少量的青饲料，但保证充足的饮水；第 4 天开始喂给由青料加糠麸、糟渣等组成的青粗饲料；第 10 天左右试拔主翼羽和副翼羽，如果试拔不费劲，羽根干枯，可逐根拔除，否则应隔 3～5 天后再拔，最后拔掉主尾羽，躯体上的羽毛也会逐渐脱落。拔羽后当天鹅群应圈养在运动场内喂料、喂水，不能让鹅群下水，防止细菌污染，引起毛孔发炎。拔羽后一段时间内因其适应性较差，应防止雨淋和烈日暴晒。

在规模化饲养的条件下，往往把鹅群的强制换羽和活拔羽绒相结合，即在整群和分群后，采用强制换羽的方法处理后，对鹅群适时活拔羽绒。既可以增加经济效益，又可以使鹅群开产整齐，便于管理。

3. 休产期饲养管理要点　种鹅休产期时间较长，没有经济效益。休产期种鹅的饲养管理应注意以下两点。

（1）降低营养水平　进入休产期的种鹅应以放牧为主，舍饲为辅，补饲糠麸等粗饲料，将产蛋期的日粮改为育成期日粮。其目的是消耗母鹅体内的脂肪，使羽毛干枯，便于拔羽，可缩短换羽时间；还可以提高鹅群耐粗饲的能力，降低饲养成本。休产期的前段时间（约 1 个月）要粗养，减少精料。粗养 1 个月后，种鹅羽毛大部分干枯，可进行人工活拔羽毛。拔羽后要加强饲养，头几天鹅群实行圈养，避免下水，供给优质青饲料和精饲料，并要注意在饲料中增加矿物质饲料。如1个月后仍未长出新羽，则要增加精料喂量，尤其是蛋白质饲料，如各种饼粕和豆类。这段时间的饲养是关键，过肥、过瘦都会影响鹅的生殖机能，产蛋前1个月注射小鹅瘟疫苗。

（2）调整饲喂方法　种鹅停产换羽开始，逐渐停止精料的饲喂，并逐渐减少补饲次数，开始减为每天喂料1次，后改为隔天1次，逐渐转入3～4天喂1次，12～13天后，体重减轻大约1/3，再逐渐恢复喂料。拔羽后应加强饲养，公鹅每天喂3次，母鹅喂2次，使鹅群达到一定的肥度，有利于早点进入下一个产蛋期。

4. 活拔羽绒　活拔羽绒是根据鹅羽绒具有自然脱落和再生的生物学特性，在不影响其生产性能的情况下，采用人工方法从活鹅身上直接拔取鹅绒的方法。育成期的鹅群可以进行拔绒；公鹅可常年拔绒；母鹅在产蛋期不能拔绒，因会导致产蛋量明显下降，休产期一般可拔2～3次；淘汰种鹅先拔绒后再育肥上市。进行活拔羽绒不但可增加经济收入，刺激饲养种鹅的积极性，而且还对提高种鹅质量起到了促进作用。对于母鹅而言，采用活拔羽绒技术比自然换羽提前20～30天产蛋，产蛋时间比较一致。

（1）活拔羽绒前的准备　拔绒前几天应对鹅群进行抽样试拔，如果绝大部分羽毛毛根已经干枯，用手试拔羽毛容易脱落，说明羽毛已经成熟，可以进行拔绒，否则就要再过几天。拔绒前一天晚上停料停水，以便排空粪便，防止拔羽时污染羽绒。如果羽毛很脏，清晨先放鹅下水洗浴，赶上岸后待鹅沥干羽绒再进行拔绒。拔绒前准备好放羽绒的容器、消毒药棉及药水等，以备需要。拔绒宜在天气晴朗暖和的早晨，选择背风向阳的地方进行。

（2）鹅的保定　拔羽者坐在矮凳上，使鹅胸腹部朝上，头朝后放在操作者大腿上，并用两腿将鹅的头颈和翅膀夹住。

（3）拔羽操作　拔羽的方法有毛绒齐拔法及毛绒分拔法两

种，毛绒齐拔法简单易行，但分级困难，影响售价；毛绒分拔法即把大毛、羽片及羽绒分开拔，分级出售，这种方法是目前比较通用的方法。拔羽的顺序是先从胸上部开始拔，由胸到腹，从左到右，胸腹部拔完后再拔体侧、腿侧、尾根和颈背部。操作时用左手按住鹅的皮肤，右手拇指和食指、中指捏住羽毛根部，顺着羽毛的生长方向，用巧力迅速拔下，每次捏取适量羽毛。在拔羽过程中如出现小块破皮，可用红药水等涂抹消毒，并注意改进手法。在休产期人工拔羽时，公鹅应比母鹅提前1个月进行，保证母鹅开产后公鹅精力充沛。人工活拔羽绒如图5-9，羽绒如图5-10。

 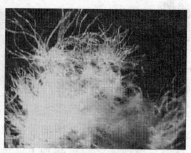

图5-9 活拔羽绒　　　　　　图5-10 羽　绒

（4）活拔羽绒后的饲养管理　活拔羽绒对鹅而言是较大的应激，此时鹅的精神状态及生理机能都会发生比较大的变化，如精神委顿、活动减少、行走摇晃、胆小怕人、翅膀下垂、食欲减退等，个别鹅还会出现体温升高、脱肛等现象。一般情况下，应激反应在第二天可见好转，第三天基本可恢复正常，通常不会引起生病或死亡。为确保鹅的健康，并使其尽早恢复羽毛生长，拔羽后必须加强饲养管理。拔羽后3天内不能暴晒，7天内不能让鹅下水或淋雨；活拔羽绒后公母鹅应分开饲养，以防交配时公鹅踩伤母鹅；皮肤有伤的鹅也应单独饲养；鹅舍内要保持清洁、干燥，最好铺上柔软的垫草；夏季要防蚊虫叮咬，冬季要注意防寒保暖。

　　活拔羽绒后，鹅机体新陈代谢加快，维持需要增加，同时羽毛再生也需要较多的营养，因此，活拔羽绒后的一段时间要加强饲养管理，日粮中应添加含硫氨基酸的蛋白质，补充维生素，增加精饲料补充量，以促进鹅机体的恢复和羽毛的生长。

四、反季节繁殖种鹅的饲养管理

　　1. 反季节繁殖的概念　　鹅的反季节繁殖技术是指在自然条件下种鹅不能繁殖的季节，通过调控光照、温度等环境因素结合强制换羽使其持续高效地进行生产的一种技术。

　　鹅的繁殖具有明显的季节性，我国大部分地区种鹅一般从每年的9月份开产，至次年4～5月份停产。鹅随季节性变化的繁殖特性，导致鹅种供应不平衡，市场价格波动较大。季节性繁殖活动造成了雏鹅生产和供应的季节性显著变化，每年的5～8月份，种鹅停产，出现鹅苗和肉用仔鹅短缺现象，不能满足市场需求。目前，反季节繁殖技术在广东、台湾和山东等地研究得比较深入，而且已经在生产中推广应用。

　　2. 反季节繁殖新技术　　种鹅反季节繁殖的核心是控制环境。只要环境温度不超过30℃，通过人工光照、营养调控等其他配套技术的实施，种鹅完全可以反季节产蛋。

　　（1）种鹅选择　　鹅反季节繁殖有两种情况：一是适时留种培育反季节产蛋种鹅，即通过选择适当的留种时间，同时控制光照和温度条件，使鹅群反季节产蛋。二是在传统饲养的种鹅中培育反季节产蛋种鹅，通过强制换羽提前或延迟常规开产时间，达到鹅群反季节产蛋的目的。进行反季节繁殖的种鹅，母鹅要选择产蛋多、后代生长快的鹅种或杂交组合，如四川白鹅或川府肉鹅，长白2号等父母代以及莱茵鹅（♂）×豁眼鹅（♀）、皖西白鹅（♂）×四川白鹅（♀）等杂交组合。这些种鹅的母鹅年产蛋可达 80～100 枚，后代 70 日龄体重可达 3.5 千克左右，种鹅的繁殖性能很好，商品代增重速度很快。

（2）强制换羽　自然条件下母鹅从开始脱羽到新羽长齐需较长的时间，换羽有早有迟，其后的开产时间也有先有后。为了缩短换羽的时间，以及使换羽后产蛋时间比较整齐，可采用人工强制换羽。强制换羽是改变种鹅产蛋时段的关键措施之一，通过强制换羽能有效调控种鹅的产蛋期，并将产蛋高峰集中在较理想的一段时间内。可以利用传统饲养的种鹅进行反季节生产，强制换羽全过程需 60～90 天。如 10 月 10 日留的种苗，在次年 1 月份进行强制换羽，4 月底开始产蛋，6 月份进入产蛋高峰。

（3）控制光照　种鹅繁殖的季节性与光照时间的长短有非常密切的关系。光照的增加或减少将引起繁殖周期的改变，光照不足或过高，会导致鹅繁殖性能降低。人工控制光照的鹅舍可以为敞开钟楼式砖瓦舍或沥青鹅舍，设有水上和陆地运动场，舍内饲养密度为每平方米 2～4 只，陆上和水上运动场的密度为每平方米 1～2 只。鹅舍两纵面装配可活动的黑布帘，起遮光作用，钟楼玻璃窗涂黑。每天下午 5：30 将种鹅赶进遮光鹅舍，遮光过夜，钟楼玻璃窗关闭，供应充足的饮水，次日早晨 7：30 揭起黑布帘并打开钟楼玻璃窗，将鹅放入运动场配种、喂料。每天接受自然光照的时间控制在 10 小时。

（4）控制温度　鹅缺乏汗腺而且全身布满羽绒，散热能力非常低。控制光照期间，外界温度较高，而鹅舍由于遮黑布和关闭钟楼的玻璃窗，阻碍了舍内空气的流动，舍内温度更高，不利于种鹅的产蛋。反季节种鹅进入产蛋期，正值夏季高温季节（6～8 月份），自然条件下的环境温度超过种鹅产蛋的最适范围，对繁殖不利，因此要进行人工调控。在低海拔地区，一般采用空调或湿帘降温系统降低鹅舍温度，在海拔较高的地区，可直接利用凉爽的自然环境。采用湿帘降温时在进风口处设置湿帘，使外界热空气经过冷却之后再进入鹅舍，湿帘的下端不得低于鹅床的高度，宽度可比鹅舍宽度窄些，鹅舍的另一端装有排气扇。使用湿帘时，可在温度升高之前打开，下午降温后关闭。降温方法还可以用以下几种方式：用水冲洗运动场；对鹅舍房顶和运动场遮阳网上人工洒水；开启鹅舍门窗和排风扇，加大通风散热、除湿功能。

（5）营养调控　包括种鹅育成期、强制换羽期和产蛋期的饲料控制。在种鹅（常规和反季节种鹅）育成期，饲养以青粗饲料为主，精饲料为铺，达到扩大胃肠容积、锻炼消化机能、使性成熟与体成熟同步的目的。强制换羽拔毛前控料，促进换羽为前提，以停供和缓增为主。其中从完全停料（4～5 天后）到拔绒时的六七成饱阶段，饲喂量需逐步增加。拔绒后至产蛋前控料，以尽快恢复和蓄积产蛋所需营养物质为前提，以增量为主。产蛋期控料，以满足产蛋需要，提高受精率和孵化率为前提，饲料质优、均衡、营养全面，以自由采食为主。当前在有些地方无种鹅（产蛋鹅）专用配合饲料的情况下，反季节种鹅的日粮，可采用市售种鹅成品料再添加能量饲料（玉米面、大麦）、青饲料等，按比例混合搭配。

第四节　肉用仔鹅的饲养管理技术

经过育成鹅饲养期，在选留种鹅后所剩下的鹅中选择精神活泼、羽毛光亮、两眼有神、叫声洪亮、机警敏捷、善于觅食、挣扎有力、肛门清洁、健壮无病的中鹅作为肥育鹅。新从市场买回的鹅，还需在清洁水源放养 2～3 天，用 0.05％的高锰酸钾溶液进行肠胃消毒，确认其健康无病后再进行肥育。

一、肉用仔鹅的饲养阶段划分

肉用仔鹅的体重增长具有明显的规律性。雏鹅早期生长阶段绝对增重不多，一般 3 周龄后生长加速，4～7 周龄出现生长高峰期，8 周龄后生长速度减慢。根据肉用仔鹅的生长发育规律，肉用仔鹅的适时屠宰期：中小型品种在 9 周龄、大型品种不超过 10 周龄为宜。

根据肉鹅的生长发育规律和饲养管理特点，一般把肉用仔鹅的饲养周期划分为育雏期、中雏期和育肥期三个阶段。0～4 周龄为育雏期，5～8 周龄为中雏期，9～10 周龄为育肥期。

二、肉用仔鹅的饲养管理

1. 营养需要

（1）满足营养　鹅早期生长迅速，代谢旺盛，消化力强，在营养上应充分供给，达到快速肥育的目的。肉鹅早期生长和营养需要可参考表 5-5。

表 5-5　补饲配合饲料的营养

周龄	代谢能（兆焦/千克）	粗蛋白质（%）
0～3	12.134	21
4～10	10.042	19

肉仔鹅在 6 周龄以前，提高日粮粗蛋白质水平对体重增重速度有促进作用，以后各阶段粗蛋白质水平的高低对体重增重没有影响。对氨基酸的需要：蛋氨酸在日粮中添加 0.34%、赖氨酸为 0.9%，其他氨基酸的需要量可借用肉鸡的标准。对维生素的需要量最重要的是尼克酸，尼克酸不足可引起腿病，在日粮中要注意补充。日粮中还应添加 1.1% 的钙、0.8% 的磷，0.4% 的食盐，以满足肉仔鹅生长发育的需要。肉用仔鹅每昼夜饲喂次数可根据品种类型、日龄大小与生长发育状态灵活掌握。一般来说，30～50 日龄时，每昼夜喂 5～6 次，51～80 日龄喂 4～5 次，其间夜间喂 2 次。

（2）参考饲料配方

①育雏期。玉米 50%、鱼粉 8%、麸（糠）皮 40%、生长素 1%、贝壳粉 0.5%、多种维生素 0.5%，然后按精料与青料 1∶8 的比例混合饲喂。

②育肥期。玉米 20%、鱼粉 3.5%、麸（糠）皮 74%、生长素 1%、贝壳粉 1%、多种维生素 0.5%，然后按精料与青料 2∶8 的比例混合制成半干湿饲料饲喂。

2. 肉用仔鹅的管理

（1）合理分群　为了使肥育鹅群生长齐整、同步增膘，须将大群分为若干小群。分群原则是，将体型大小相近和采食能力相似的公、母鹅混群，分成强群和弱群等。在饲养管理中根据各群实际情况，采取相应的技术措施，缩小群体之间的差异，使全群达到最高生产性能，一次性出栏。

（2）鹅群的训练调教　在训练调教鹅群时要本着"人鹅亲和，循序渐进，逐渐巩固，丰富调教内容"的原则进行。调教时要由小及大、由少及多，以加强合群性。训练鹅群适应环境、放牧，不忌各种声音、习惯、颜色变化，防止惊场、炸群。根据鹅的行为习性，调教鹅的出牧、归牧、休息、下水等行为，放牧人员加以相应的信号，使鹅群建立起相应的条件反射，养成良好的生活规律，便于放牧管理。培育和调教"头鹅"，即领头鹅，使其引导、爱护、控制鹅群。

（3）做好鹅群的游泳、饮水与洗浴　鹅是水禽，游泳和洗浴不可缺少。游泳增加运动量，提高羽毛的防水、防湿能力，防止发生皮肤病和生虱。选水质清洁的河流、湖泊游泳、洗浴，严禁在水质腐败、发臭的池塘里游泳，否则鹅易患肠炎和皮肤病。收牧后进舍前应让鹅在水里洗掉身上污泥，舍外休息、喂料，待毛干后再赶到舍内。不要在打过农药的草地、果园、农田附近放牧，凡打过农药的地块必须经过 15 天后才能放牧。鹅舍必须保持清洁、干燥，空气新鲜，舍温保持 18～25℃，周围环境安静。

（4）采用"全进全出"的饲养制度　全进全出制是保证鹅群健康，根除病源的根本措施。"全进全出"是指在同一栋舍或同一养殖户在同一时间内只进同一批雏鹅，饲养同一日龄鹅，并在同一天全部出栏，然后对鹅舍进行彻底地打扫、消毒。消毒后密闭1周，切断病源的传播途径，再进下一批雏鹅。

（5）合理的密度　饲养密度过大舍内空气不好，生长发育受到影响。密度的大小可根据日龄和体重变化，气温和鹅舍通风情况适当调节，寒冷季节可密些，炎热季节可稀些；幼雏阶段可密些，半月以后再稀些。

（6）观察采食情况　凡健康、食欲旺盛的鹅表现动作敏捷，抢着吃，不择食，一边采食一边摆脖子往下咽，食管迅速增粗，并往右移，嘴不停地往下点；凡食欲不振者，采食时抬头，东张西望，嘴含着料不下咽，头不停地甩动，或动作迟钝，呆立不动，此状况出现可能是有病，要抓出隔离饲养。

（7）搞好防疫卫生　鹅群放牧前必须注射小鹅瘟疫苗、副黏病毒病疫苗、禽流感疫苗、禽霍乱疫苗。定期驱除体内外寄生虫。饲养用具要定期消毒，防止鼠害、兽害。

三、肉用仔鹅的育肥方法

肉鹅经过15～20天育肥之后，膘肥肉嫩，胸肌丰厚，屠宰率高。生产上常见以下几种方法育肥。

1. 放牧育肥　放牧育肥是一种传统的育肥方法，应用最广，成本低。放牧育肥可以结合农时进行，当雏鹅养到50～60日龄时，可充分利用收割后遗留下来的谷粒、麦粒和草籽来育肥；也可以利用天然草场，还可以人工种植牧草放牧。放牧时，应尽量减少鹅的运动，搭临时鹅棚，鹅群放牧到哪里，就在哪里留宿，这样便可减少来往跑路的时间，增加其觅食时间。放牧时间长短视鹅日龄大小而定，40日龄后鹅的全身羽毛较丰满，适应性强，可尽量延长放牧时间，做到"早出牧，晚收牧"。放牧时把青草丰茂的地方留到早晚采食高峰时放牧。放牧时要根据鹅"采食→休息→采食"周而复始的特点，让鹅吃饱喝足。约经 10～15 天的放牧育肥后，就地收购，防止途中掉膘或伤亡。出牧与收牧时驱赶速度要慢，防止践踏致伤。

2. 舍饲育肥 舍饲育肥生产效率较高，肥育的均匀度比较好。这种育肥方法将是今后规模化养鹅生产发展的趋势，适于集约化饲养。舍饲育肥主要喂以富含碳水化合物的谷物饲料，加少量蛋白质饲料，保证日粮组成中蛋白质含量不低于 20%，代谢能不少于 12.54 兆焦/千克。如以稻谷、碎米、番薯、玉米、米糠等碳水化合物含量丰富的饲料为主，或者采用颗粒饲料，颗粒饲料是将按比例混合好的饲料，通过成型机压成直径为 2～5 毫米粒状的饲料，这种饲料喂饲方便，营养全面，比例稳定，与粉料相比较颗粒饲料适口性好，可提高食欲，加大采食量，减少浪费。日喂 3～4 次，每次吃饱为止，最后 1 次在晚 10:00 喂饲，整天应供给清洁的饮水，每次仅喂少量青料，补饲青饲料如图 5-11。肥育期间限制鹅的活动，控制光照和保持安静，让其尽量多休息。

图 5-11 补饲青饲料

3. 填饲育肥 俗话叫"填鹅"，这种方法可缩短育肥期，育肥效果好，但操作比较麻烦。方法是将配制好的饲料做成团状剂子，一团一团地塞进食管里强制鹅吞下去；或以玉米为主的混合料加水、加油脂拌湿，用机器填入鹅的食道内。填饲时减少了鹅采食过程中能量的损耗，同时增大了每次的采食量，加上安静的环境，活动减少，鹅就会逐渐增加肥度，肌肉也丰满。开始时每天填3次，每次3～4个；以后增加到每天5次，每次5～6个。填好后把鹅安置在安静的舍内休息。大约经过20天育肥，鹅体脂肪增多，等级提高。鹅的肥膘，只需用手触摸鹅的尾椎与骨盆部联结的凹陷处，以肌肉丰满为合格。填饲育肥的方法分为手工填饲和机器填饲。

（1）**手工填饲** 用左手握住鹅头，双膝夹住鹅身体，左手拇指和食指将鹅嘴撑开，右手将食团填入鹅的食道内。刚开始时每次填2～3个食团，每天3次，以后逐渐增加到每次4～5个，每天4～5次。填饲时要防止将食团塞入鹅的气管内。填饲后的肉仔鹅应供给充足的饮水，或让其每天入水洗浴1～2次，有利于增进食欲，使羽毛光亮。

（2）**机器填饲** 分电动式和手压式两种，由贮料桶和电动机（或手柄）组成。填饲方法是通过填饲机的导管将调制好的饲料填入鹅的食道内。填饲时用左手抓鹅，右手握住食道的膨大部，左手拇指和食指撑开鹅嘴，中指压住鹅的舌头，将胶管轻轻插入鹅的食道，松开左手，扶住鹅头，把饲料压入食道膨大部，拔出胶管，放开鹅。每天填饲3～4次，填饲后注意供给充足的饮水。

四、肉用仔鹅育肥程度的判断

一般而言，在肥育期间，放牧育肥可增重0.5～1千克，舍饲育肥可增重1～1.5千克，填饲育肥可增重1.5千克以上。增重速度与所饲养的品种、季节、饲料种类等因素有密切的关系。

段 第五章 鹅的养殖新技术 >>>

育肥的仔鹅，体躯呈方形，羽毛丰满，整齐光亮，后腹下垂，胸肌丰满，颈粗呈圆形，粪便发黑、细而结实。根据翼下体躯两侧的皮下脂肪沉积情况，把肥育标准分为三个等级：

1. 上等肥度 皮下能摸到较大的结实而富有弹性的脂肪块，整体皮下脂肪增厚，尾部丰满，胸肌饱满突出，羽根呈透明状。

2. 中等肥度 皮下能摸到板栗大小的稀而松的脂肪小团块。

3. 下等肥度 皮下脂肪增厚，鹅体皮肤可以滑动。

当育肥鹅达到上等肥度时即可上市出售。育肥鹅肥度都达到中等以上肥度，体重和肥度整齐均匀，说明育肥效果好。

第六章

鹅加工产品的安全生产

第一节 鹅肉的安全生产

一、鹅肉的成分及营养价值

鹅肉是鹅的主要产品,鹅肉的特点是肌纤维较粗,含水量较少,持水能力差。在家禽中鹅肉的含热量高,每100克鹅肉的含热量为602千焦,超过鸡肉和鸭肉;而且鹅肉的脂肪含量为11.2%,比瘦猪肉和瘦羊肉的含脂量都低,且多为有益于人体健康的不饱和脂肪酸,并且脂肪的熔点也低于鸡、鸭及家畜,更易消化吸收。此外,鹅肉还具有药用食疗功能。

加工的鹅肉食品一向为我国人民所喜爱,由于各地自然条件、风俗习惯的不同,也形成了许多各具特色的鹅食品,诸如四川的油淋仔鹅及板鹅、南京的板鹅、扬州的盐水鹅、广州的烧鹅等,以及市场新近畅销的鹅肉火腿肠、鹅肉香肠等,都深受消费者的喜爱。

二、鹅的屠宰加工工艺及卫生质量要求

1. 肉鹅的屠宰操作程序 要达到安全鹅肉产品的质量要求,最关键的环节之一是做好肉鹅的屠宰,一般肉鹅屠宰多采用手工操作。手工屠宰鹅的流程是:候宰→送宰→屠宰→浸烫→脱毛→开腔扒内脏→贮藏、出售或深加工。

（1）候宰　候宰应注意三件事：一是宰前绝食 8 小时以上，屠宰前 3 小时要停止饮水；二是做好检疫工作；三是不能在养殖场宰杀。

（2）送宰　送宰注意事项有二：一是每批数量适宜；二是将不同品种、不同颜色的鹅分开，以保证羽毛颜色的纯洁。

· （3）屠宰　屠宰要做到下刀部位准确，死透后入烫池，以免造成放血不良或活烫而使鹅体发红。屠宰可分刀口屠宰和口腔屠宰两种方法。刀口屠宰是从颈下喉部割断血管、气管和食管，要求从鹅的下颚部切割，刀口不得深于 0.5 厘米。口腔屠宰是将鹅头部向下斜并固定，拉开嘴壳，将刀尖伸入口腔，刀尖达第二颈椎处即颚裂的后方，用刀尖切断颈静脉和桥状静脉的联合处，接着收刀通过颚裂用力将刀尖斜刺延脑，此法外部没有刀口，外观整齐，但是，技术比较复杂，不易掌握，一旦放血不畅，会使颈部淤血。

（4）浸烫　鹅经过屠宰后需要随即浸烫即利用毛孔热胀冷缩的原理，用热水使毛孔膨胀，羽毛容易拔除，以保持宰后鹅体的光洁，浸烫的关键是根据鹅的品种和日龄适当掌握水温和浸烫时间。

①手工浸烫。鹅的羽毛覆盖层厚，水温一般为 65～70℃，在这个范围内，日龄小的新鹅要低些。温度的掌握可把手先在冷水中浸一下，然后伸进热水中，感觉水烫而皮肤没有强烈刺激为好。可将沸水和冷水按 3∶2 掺和即可，也可将宰后的鹅先用冷水淋湿再经沸水浸烫。浸烫要在鹅死后还留有体温时进行，浸烫时间一般为 3～5 分钟。注意水温不能过高，浸烫时间不能过久，过之易造成鹅体烫得过度，肌蛋白凝固，皮肤韧性变小，拔毛时容易破皮，并且脂肪溶解，从毛孔渗出，表皮呈暗灰色，带有油光，造成次品；反之会使得鹅体烫得不透，造成"生烫"，拔毛困难，甚至连皮带下。

②机械浸烫。即采用蒸汽热水温，使水温保持在规定范围内

连续进行。浸烫温度为 61～62℃。机械浸烫可控制和调节水温，又能定时换水，保持了清洁卫生。但也要注意水温和浸烫时间不能过长或过短。

（5）脱毛　屠宰后的鹅经过浸烫即可脱毛，要求时间快，脱毛干净。脱毛也有手工脱毛与机械脱毛两种方法。手工脱毛要根据羽毛的性能、特点和分布的位置依序进行；翅上的羽片长，根深，首先要拔除；背毛因皮紧，脱毛时皮容易受损，可用推脱；胸脯毛松软，弹性大，可用手抓除；尾部的羽毛硬而根深，且尾部富有脂肪，容易滑动，要用手指拔除；颈部比较松软，容易破皮，要用手握住颈，略带转动，逆毛倒搓。机械去毛一般是由电动机带动滚筒上的若干橡皮刺，使两面相对的橡皮刺急速旋转，当经过浸烫的鹅通过中间空隙的时候，就与鹅体羽毛紧密接触，互相摩擦，在几秒钟内就能把羽毛顺利地去掉。脱毛完成后，需经人工整理，除去鹅的脚皮和嘴，以保持鹅体全身洁白干净。

（6）开膛　开膛前须先除粪污，即将鹅体腹朝上，两掌托住背部，以两指用力按捺鹅的下腹部向下推挤，即可将鹅粪从肛门排出体外。接着洗淤血，一手握住头颈，另一手中指用力将口腔、喉部或耳侧部的淤血挤出，再抓住头在水中上下左右摆动以洗净血污，同时顺势把鹅的嘴壳和舌衣拉出。开膛可采用腋下开膛和腹部开膛两种方法。腋下开膛即从左下肋窝处切开长约3厘米的切口，再顺翅割开一个月牙形的口，总长度为6～7厘米即可。腹下开膛即用刀尖或剪刀从肛门正中稍稍切开，刀口长度3厘米，以便食指和中指可以伸入拉肠，或切口长5～6厘米，以便五指伸入，要视加工需要而定。

（7）扒内脏　有全净膛、半净膛和满膛之分。

①全净膛。即除肺、肾外扒出全部内脏。翼下开膛的鹅都是全净膛，操作一般是先把鹅体腹部朝上，右手控制鹅体，左手压住小腹，以小指、无名指、中指用力向上推挤，使内脏脱离尾部

的油脂，便于取内脏。随即左手控制鹅体，右手中指和食指从翼下的刀口处伸入，先用食指插入胸腔，抠住心脏拉出，接着拉食管，同时将与肌胃周围相连的盘腱和薄膜划开；轻轻一拉，把内脏全部取出。对腹下开膛的全净膛，一般是以右手拿刀，侧着伸入到鹅的心脏，同时向上一转，把周围的薄膜划开，再手掌向上，抓牢心脏，把内脏全部拉出。

②半净膛。即从肛门口处切开长约 2 厘米左右的刀口，拉出肠和胆囊，其他内脏仍留在鹅的体腔之中。操作时鹅体仰卧，用左手控制住，以右手的食指和中指从肛门刀口处一并伸入腹腔，夹住肠壁与胆囊连接处的下端，再向左弯转，抠牢肠管，将肠子连同胆囊一齐拉出。

③满膛。即将鹅屠宰后全部内脏仍留在体内。在开膛扒内脏时如拉断肠管或将胆囊弄破，应清除肠管并用水冲洗，不使肠管或胆汁留在腹内，以免污染鹅体。此外，开膛后的鹅体腹腔内可能残留血污，应用水清洗，不留污秽。

2. 鹅肉的分割和包装　随着人民生活水平的提高，对食品需求的多样，销售整鹅已不能满足消费者的需要，而希望有鹅肉包装产品和分割鹅肉购买。

鹅肉分割尚无统一的规定，一般鹅可分割为头、颈、爪、躯干、腿等 5 件。鹅肉分割步骤如下：第一刀从跗关节取下左爪；第二刀从跗关节取下右爪；第三刀从下颚后环椎与第一颈椎间直斩下鹅头，带舌；第四刀从第十五颈椎间斩下颈部，去掉皮下食管、气管和淋巴；第五刀沿胸骨脊左侧由后向前平移开膛，摘下全部内脏，用干净毛巾擦去腹水、血污；第六刀沿脊椎骨的左侧（从颈部直到尾部）将鹅体分为两半；第七、第八刀沿胸骨端剑状软骨至髋关节前缘的连线将左右分开，分成4 块。

包装材料只要无毒即可，我国多采用聚乙烯塑料袋或复合薄膜包装袋，国外多采用复合薄膜袋包装。

三、鹅肉贮存的质量要求

鹅肉与其他肉类一样，也是极易腐败变质的食品，因此，解决鹅肉贮存的技术，防止鹅肉腐败变质，提高鹅肉的质量，减少损失，是鹅肉加工生产中必须解决的问题。目前用于鹅肉贮存的方法主要是鹅肉的冷加工，即利用人工制冷的方法使净膛后的鹅体（或分割鹅肉）降温并使其在一定的低温下贮存的过程。鹅肉的冷加工一般包括冷却、冻结、冷藏和解冻等四个环节。

1. 冷却 目的是使鹅肉尽快降温，从而抑制微生物的生长繁殖。冷却间的初始温度控制在 $-3 \sim -1℃$，相对湿度保持在 $90\% \sim 95\%$，空气流速为 $1 \sim 1.5$ 米/秒，冷却 $10 \sim 12$ 小时。

2. 冻结 鹅肉的冻结是指将鹅肉的中心温度降低到 $-15℃$ 以下，使鹅肉中的水分全部或部分结冰的过程。

3. 冻藏 鹅肉的冷藏一般是将已经冻结好的鹅肉堆叠在低温库内。库内的温度保持在 $-18℃$，并保持恒定，一般昼夜波动不超过 $1℃$；相对湿度为 $95\% \sim 100\%$；空气以自然循环为好。在上述条件下，一般白条鹅可保存 $8 \sim 12$ 个月。

4. 解冻 一般通过解冻使鹅肉的中心温度回升到 $-3 \sim -2℃$。我国鹅肉的解冻主要采用空气解冻和水解冻。

四、鹅肉产品的安全质量标准

在进行鹅安全生产时，鹅肉产品的安全性应参照《农产品安全质量 无公害畜禽安全要求》（GB18406.3）和《农产品安全质量 无公害畜禽肉产地环境要求》（GB/T18407.3）相关具体要求执行。

五、安全鲜（冻）鹅肉的卫生标准

1996 年 11 月 27 日由中华人民共和国卫生部颁布了鲜（冻）禽肉的卫生标准——GB 2710—1996。

1. 标准适用范围　本标准规定了家禽（鸡、鸭、鹅）肉的卫生要求和检验方法。本标准适用于健康活禽宰杀、煺毛、净膛或半净膛后经兽医卫生检验合格的新鲜（未冷冻）或冷冻的家禽肉。本标准同时代替 GB 10148—88《鲜（冻）鸭、鹅肉卫生标准》。GB 10148—88 将鸭、鹅肉鲜度分为二级，一级鲜度具有鸭、鹅肉固有的气味，TVB-N≤13 毫克/100 克；二级鲜度允许肌肉有轻度异味，TVB-N≤20 毫克/100 克 TVB-N 为挥发性盐基氮。

2. 卫生要求

（1）感官指标　鲜（冻）鹅肉的感官指标应符合《鹅安全生产手册》的规定（表 6-1）。

表 6-1　鲜（冻）鹅肉的感官指标

项　目	指　标
眼球	眼球饱满、平坦或稍凹陷
色泽	皮肤有光泽，肌肉切面有光泽，并有鹅固有色泽
黏度	外表微干或微湿润、不黏手
弹性	有弹性，肌肉指压后的凹陷立即恢复
气味	具有鹅固有的气味
煮沸后肉汤	透明澄清、脂肪团聚于表面，具固有香味

注：冻鹅应解冻后观察。

（2）理化指标　鲜（冻）鹅肉的理化指标应符合《鹅安全生产手册》的规定（表 6-2）。

表6-2 鲜（冻）鹅肉的理化指标

项　　目	指　　标
挥发性盐基氮（毫克/100克）	≤20
汞（以 Hg 计）（毫克/千克）	≤0.05
四环素（毫克/千克）	≤0.25

（3）鲜（冻）鹅肉的感官检验方法　在自然光线下，观察色泽、形态，并嗅其气味，取鹅的腿肉或脯肉剪成块状，放入烧杯并加适量水煮沸后嗅其气味，并观察上浮脂肪性状。

第二节　鹅肥肝的安全生产

一、鹅肥肝的营养价值

鹅肥肝是用发育良好、体格健壮的鹅，经人工强制填饲玉米等高能量饲料，快速育肥，促使肝脏大量积贮脂肪，形成特大的脂肪肝，是一种科技含量高，附加值高的鹅产品。这种特殊的肥肝比正常的肝要大5～6倍，甚至10倍以上。肥肝质地鲜嫩，脂香醇厚，味美独特，营养丰富，滋补身体。肥肝含蛋白质9%～12%、脂肪40%～50%，其脂肪酸组成：软脂酸21%～22%，硬脂酸11%～12%，亚油酸1%～2%，16-稀酸3%～4%，肉豆蔻酸1%，不饱和脂肪酸65%～68%，还含有卵磷脂约4.5%～7%，脱氧核糖核酸和核糖核酸8%～13.5%，与普通的鹅肝相比，卵磷脂高4倍，核酸高1倍，酶的活性高3倍多，还富含多种维生素、微量元素及磷脂。肥肝中含有大量对人体有益的不饱和脂肪酸和多种维生素，可降低人体血液中胆固醇，减少类固醇物质在血管上的沉积，减轻和延缓支脉粥样化形成，而且亚油酸为人体所必需，在人体内不能合成，因此肥肝最适于儿童和老年人食用；卵磷脂是当今国际市场保健药物中必不可少的重要成分，它具有降低血脂，软化血管，延缓衰老，防治心脑血管疾病发生的功效。由于肥肝含有诸多对人体有利的元素，是国际市场上畅销营养食品之一，被誉为世界"绿色食品之王"、"三大美味之一（鱼子酱、地下菌块和肥肝）"。

二、鹅肥肝生产的要素

1. 填肥鹅品种的选择　填肥鹅种以狮头鹅最为理想，狮头鹅是我国最大的鹅种，其体躯宽大，体重大，消化力强，很有利于填喂产肝；太湖鹅生产肥肝有一定潜力；溆浦鹅也是我国肥肝鹅种之一。在外国鹅种中，法国大型鹅、法国朗德鹅、匈牙利鹅、比尼科夫白鹅、莱茵鹅、意大利鹅、图卢兹鹅等的产肥肝性能均很突出。

2. 体重　不同的鹅种生长发育规律不一样，一般填饲体重宜在 4.5 千克以上。体重较轻的鹅发育年龄相对较短，生长发育过程中消耗养分相对较多，养分转化为脂肪在肝脏中沉积的部分就较少，而且，体重小的鹅胸腹部容量、食道容积较小，能填饲的饲料较少，肝脏可增大的空间也小，生产的肥肝当然就小。

3. 性别和年龄　鹅的性别对肝脏重影响较小，公母均可填饲，但一般公鹅的肥肝形成效率高于母鹅。母鹅由于分泌雌激素，比公鹅易肥，母鹅又娇嫩些，耐填性和抗病力比公鹅差。

不管是何品种开填时都要基本达到体成熟。填饲过早，体重轻，体格发育不健全，身体稚嫩，禁不起强制填饲，伤残鹅多，肥肝产量低，质量低。填饲过迟，耗料多，经济效益低。在鹅成熟后应选择发育良好、健康无病、最好颈粗短、胸宽体长、胸腹部容量大的鹅用于填肥，以减少在填肥过程中出现不良个体，保证肥肝产量、质量和产肝率。成年鹅和老年鹅同样可以用来生产肥肝，但常常需将成年鹅或老年鹅在填饲前进行一段时间的科学饲养，使体格健壮，大约需要预饲 2～3 周。

4. 肉仔鹅品质 肉仔鹅的品质直接影响鹅肥肝的产量和质量。在待填鹅的培育上，大多采用公司加农户的方式放养，即由公司提供鹅苗、饲料、兽药、技术服务等，按约定天数论只或体重回收。回收来用于填饲的肉仔鹅，由于来源不同，体况有一定差异，需预饲3～4周，使肉仔鹅更加健壮，便于填饲。也有少量的个别企业建立自己的肉鹅养殖场，这对肥肝生产的计划性有一定保证。个别企业采用密闭式饲养种鹅，通过人工控制小环境，实现种鹅的反季节生产，这为鹅肥肝全年均衡生产、上市创造了先决条件。

5. 填喂饲料的选择 鹅肥肝填喂饲料主要是用高淀粉的碳水化合物饲料，而玉米作为能量之王，容易转化为脂肪，是生产肥肝的最理想饲料。原因一是玉米含氮浸出物高达72％，其中主要是容易消化的淀粉，而粗纤维含量仅为2％；二是粗脂肪含量高，一般为3.5％～4.5％，是小麦或大麦的2倍。玉米含亚油酸较高，如果玉米在配合饲料中达50％以上，就可满足鹅对亚油酸的需要。陈玉米的水分含量少，胆碱含量低，有利于脂肪在肝中沉积，形成肥肝。研究试验证明，用玉米作填饲饲料，生产的肥肝重量比用稻谷、大麦、薯干作饲料均高。玉米组的平均肥肝重量比稻谷组高20％，比大麦组高31％，比薯干组高45％，比碎米组高27％。

三、鹅肥肝的填饲技术

1. 填饲量 填饲量是生产肥肝的关键，直接关系到肥肝的增重和质量。填饲量不足，脂肪主要沉积在皮下和腹部，形成大量的皮下脂肪和腹脂，而肥肝增重慢，肥肝质量等级低；填得过多，影响消化吸收，填饲量又不得不降下来，对肥肝增重不利，还容易造成鹅的伤残。填饲量应由少到多，逐渐增加，直至填饱，以后维持这样的水平。填饲前应先用手触摸鹅的膨大部，了解消化情况，如已空，说明消化良好，应适当增加填饲量；如食道膨大部有饲料积贮，说明填饲过量，消化不良，应用手指帮助把积贮的饲料捏松，以利于消化，并适当减少填饲量。如因填料量过多等原因造成食道损伤，连续几天食道中饲料还未消化，应立即宰杀淘汰。鹅的填饲量因品种和个体而存在差异。填完料后，如鹅精神良好，活动正常，展翅高叫，喜爱饮水，说明填料合适；如果鹅拼命摇头，欲将饲料甩出，说明填饲量过多。

2. 填饲操作方法

（1）手工填饲　填饲人员用左手握住鹅头并用手指打开喙，右手将饲料粒塞入口腔内，并由上而下将饲料粒捻向食道膨大部，直至距咽喉约 5 厘米为止。也可以用管子和漏斗制成进料器，将管子底端直接插入到食道膨大部，然后在漏斗中加入饲料，用棒子将饲料直接推入食道膨大部。进料器外壁和底端要光滑，防止划伤食道。手工填饲费力费时，目前，国内外已采用填饲机代替手工强制填饲，大大提高了劳动生产率，填饲量多而均匀，适宜鹅肥肝的批量生产。

（2）机械填饲　一般需要两人配合，协同操作。先将调制好的饲料倒入填饲机的料斗中，然后把填饲鹅驱赶到填饲室的一角，用围篱圈定，助手将填鹅抱到填饲机前的一侧坐下，把填鹅放在填料管下的固禽器上，两手的大拇指紧紧按住填鹅的两翅，其余四指抱住鹅体，不让其挣脱并迫使鹅的两腿向后伸。填饲员坐在填饲机前，开填时，先用食用油涂抹填料管，使其润滑，然后用右手抓住鹅头，拇指和食指轻压鹅喙基部两侧，迫使鹅嘴张开，接着左手食指伸进鹅的口腔内压住舌基部，将填料管插入口腔，沿咽喉、食道直插至食道膨大部。此时，填饲员左手固定鹅头，左脚踩动填饲开关踏板，螺旋推动器运转，饲料从填饲管中向食道膨大部推进，填饲员左手仍固定鹅头，右手触摸食道膨大部，待饲料填满时，边填料边退出填饲管。自上而下填饲，直至距咽喉约5厘米为止，左脚松开脚踏开关，饲料停止输送，将填饲管慢慢退出。

3. 填饲次数和时间 在正式填饲前，应该有一个预饲期，是从仔鹅到填饲鹅的过渡阶段，一般为3～7天，放牧饲养的仔鹅预饲期应略长一些，圈养的仔鹅预饲期可略短些。在这个过程中，要做好三件事：停止放牧，全部采用圈养；全部喂精料，以玉米为主；预饲期后几天，可开始适应性填饲；一般每天填1～2次，填量较少，为正式开填做好适应性过渡。

填料量应循序渐进，当鹅适应后应尽量多填、填足。填饲期的长短视鹅的品种、消化能力、增重，特别是肥育成熟与否而定。纯种不耐填，时间长了伤残率高，填饲期应短些；杂种生活力强，填饲期可长些。

填饲次数关系到日填饲量，进而影响到肥肝增重。填料次数过少，填料量不足，肥肝增重慢；填饲次数过多会影响鹅的休息和消化吸收，给饲养管理工作带来不便，也不利于肥肝增重。应根据鹅的消化能力，以每次填料后到下次填料前，食道正好无饲料为宜，要填足不欠料。一般每天填3次。

填饲时间应准时、有规律，不得任意提前或延后，以免影响肥肝生长或引起应激。填饲期的长短根据鹅的生理特点和鹅肥肝增重规律，一般填饲2～4周。

四、屠宰取肝

鹅肥肝是珍贵的食品，其质量不仅与填饲技术有关，而且受屠宰加工技术的影响也很大。屠宰取肝及保存是肥肝生产的最后工序。为了避免肥肝的损伤，整个加工过程都要细心操作。

1. 宰杀 宰杀之前，应将填饲鹅停食12小时，但要供给充分的饮水以便放血充分，尽量排净肝脏淤血，以保证肝脏的质量。宰杀时，抓住鹅的两腿，倒挂在屠宰架上，使鹅头部朝下，

采用人工割断气管和血管的方式放血。一般放血的时间为 5～10
分钟。如放血不充分，肥肝淤血影响质量。

2. 浸烫　放血后立即浸烫，烫毛的水温一般为 65～70℃，
时间 3～5 分钟。水温过高、时间过长，鹅皮容易破损，严重时
可影响肥肝的质量；水温过低又不易拔毛。

3. 脱毛　使用脱毛机容易损坏肥肝，因此一般采用手工拔
毛。拔毛时将鹅体放在桌子上，趁热先将鹅胫、蹼和嘴上的表皮
捋去，然后左手固定鹅体，右手依次拔翅羽、背尾羽、颈羽和胸
腹部羽毛。然后将鹅体放入水池中洗净。不易拔净的绒毛，可用
酒精灯火焰燎除。拔毛时不要碰撞腹部，也不要将鹅体堆压，以
免损伤肥肝。

4. 预冷　刚褪毛的鹅体平放在特制的金属架上，背部向下，
腹部朝上，放在温度为 0～4℃的冷库中预冷 10～18 小时。不预
冷就取肝会使腹部脂肪流失，还容易将肝脏抓坏。因此应将鹅体
预冷，使其干燥、脂肪凝结、内脏变硬而又不冻结才便于取肝。

5. 破腹取肝　将预冷后的鹅体放置在操作台上，腹部向下，
尾部朝操作者。用刀从龙骨前端沿龙骨脊左侧向龙骨后端划破皮
脂，然后用刀从龙骨后端向肛门处沿腹中线割开皮脂和腹膜，从
裸露胸骨处，用外科骨钳或大剪刀从龙骨后端沿龙骨脊向前剪开
胸骨，打开胸腔，使内脏暴露。胸腔打开以后，将肥肝与其他脏
器分离，取肝时要特别小心。操作时不能划破肥肝，分离时不能
划破胆囊，以保持肝的完整。如果不慎将胆囊碰破，应立即用水
将肥肝上的胆汁冲洗干净。操作人员每取完 1 只肥肝，用清洁水
冲洗一下双手。取出的肥肝应适当整修处理，用小刀切除附在肝
上的神经纤维、结缔组织、残留脂肪和胆囊下的绿色渗出物，切
除肝上的淤血、出血斑和破损部分，放在 0.9％的盐水中浸泡 10
分钟，捞出沥干，放在清洁的盘上，盘底部铺有油纸，称重分
级。正常肥肝要求肝叶均匀，轮廓分明，表面光滑而富有弹性，
色泽一致为淡黄色或粉红色。

五、鹅肥肝的产品质量要求

鹅肥肝品质的优劣可根据重量和感官评定分级。一般的重量分级是：特级肥肝重为 600～900 克，一级肥肝为 350～600 克，二级肥肝为 250～350 克，三级肥肝为 150～250 克，150 克以下为级外肝（瘦肝）。现在国内批量生产的鹅肥肝以一级居多。优质肥肝感官评定标准是色泽为浅黄色或粉红色，内外无斑痕，色泽一致；组织结构应表面光滑，质地有弹性，软硬适中，无病变；有独特的芳香味，无异味。合格肝呈白色，大而质软；废弃肝呈白色，有淤血或血斑；癌变肝呈苍白色，肿大而质硬，或有大小不等的癌瘤病灶。

第三节　鹅羽绒的安全生产

一、羽绒的采集方法

鹅羽绒的收集有以下两种方法。

1. 一次性宰杀取绒法

（1）**湿拔法**　宰杀放血后，放入 70℃左右的热水中浸烫 3～5 分钟，使体表组织松弛，羽毛容易拔下。此外，绒朵往往混到水中，要尽量捞取。同时应去除喙皮、脚皮等杂质，脱毛后晒干或烘干。晒干的羽绒应及时装在透气的袋中，存放在通风干燥的地方。

（2）**干拔法**　鹅宰杀放血流尽后，此时鹅体还保持一定的体温，立即进行人工拔毛，否则鹅体温下降，毛孔紧缩，不利于拔毛。对于难拔的翅羽和尾羽，最后用热水浸烫后拔取。干拔法拔下的毛绒保持了原有的毛形，色泽光洁，杂质较少，但花费的时间较长。

2. 活体多次拔毛法　活体多次拔取的毛绒结构完美，蓬松度高，产生的飞丝少，基本上不含杂毛和杂质，采集和收购时可按毛绒颜色分别贮放，可减少加工工序；同时可利用种鹅的休产期和育成期进行活体多次拔毛，从而提高毛绒的产量和经济效益。

二、活拔羽绒的生产技术

1. 适合活拔羽绒时期的选择　进行鹅的活拔羽绒可以增加收益，但并不是所有的鹅所有的时期都可以活拔羽绒。鹅的新羽长齐需要 45 天左右。鹅的活体拔羽绒时间要安排在不影响产蛋和繁殖的时期进行。

（1）种鹅育成期　早春孵出留种的后备种鹅至 3 月龄时，羽毛基本长丰满，可开始第一次活体拔羽，此后每隔 45 天左右活拔 1 次，可连续拔 2～3 次。最后一次活拔羽绒的时间要安排在种鹅开产前 50 天左右进行，等新羽长齐时，种母鹅正好陆续开产。

（2）种鹅休产期　成年种鹅夏季的休产期可活拔羽绒 2～3 次。利用种鹅的休产期进行活体拔羽是一项提高饲养种鹅经济效益的有效措施。

（3）成年公鹅　利用成年公鹅常年拔毛，只有在放牧条件好、活拔毛绒价格高的地方、选留成年公鹅进行大群放牧，常年拔毛才划算，否则是不经济的。炎热的季节拔毛，活体拔毛的间隔时间长，产毛量低。

（4）肉用仔鹅　肉用仔鹅一般在 70～90 天上市，在上市前不宜进行活拔羽绒。

2. 活拔羽绒的准备工作　活体拔毛一般都在室内进行。先将场地打扫干净，在地面上铺以干净的塑料布，关好门窗，准备好操作人员的围裙、工作服、口罩、帽子等。活体拔毛的鹅，在拔毛的前几天应让鹅多游泳、戏水，洗净羽毛，对羽绒不清洁的鹅，在拔羽绒的前一天应让其戏水或人工清洗，去掉鹅身上的污物。在活拔羽绒的前一天应停食 16 小时，只供给饮水；活拔羽绒的当天应停止饮水。准备好装羽绒的塑料袋，拔羽过程中发生皮肤裂伤时要用药棉浸红药水或酒精搽洗。第一次拔毛的鹅，可在拔毛前 10～15 分钟给每只鹅灌服白酒食醋 10 毫升（白酒与食醋的比例为 1：3），可使鹅保持安静，毛囊扩张，皮肤松弛，拔取容易。此后数次活拔羽绒就不必再灌白酒了。

3. 活拔羽绒的顺序　鹅的拔毛顺序一般是先从胸上部开始拔，由胸到腹，从左到右，胸腹部拔完后，再拔体侧和颈部、背部的羽绒。一般先拔片羽，后拔绒羽，可减少拔毛过程中产生的飞丝，还容易把绒羽拔干净。主翼羽、副翼羽（翅梗毛）和尾部的大梗毛不能拔，因为这种毛不能用来制造羽绒服或羽绒被，经济价值不高。

4. 活拔羽绒的方法　用左手按住鹅体的皮肤，以右手的拇指、食指和中指捏住片毛的根部，一撮一撮（3～4 片）、一排一排地紧挨着拔。片毛拔完后，再用右手的拇指和食指紧贴着鹅体的皮肤，将绒朵拔下来。此时用力要均匀，迅猛快速，所捏羽绒宁少勿多。拔片羽时一次拔 2～4 根为宜，不可垂直往下拔或东拉西扯，以防撕裂皮肤；拔绒朵时，手指要紧贴皮肤，捏住绒朵基部拔，以免拔断而成飞丝。拔羽方向要顺拔，这样不会损伤毛囊组织，有利于羽绒再生。所拔部位的羽绒要尽可能拔干净，要防止拔断而使羽干留在鹅皮肤内。拔下的羽绒装入塑料袋后，不要强压或搓揉，以保持自然状态和弹性。由于毛绒分开拔，在拔羽的同时应将片羽和绒羽分别装袋。

三、羽绒的保存与粗加工

1. 保存　如果拔下的羽绒不能马上出售，要暂时储存起来。一般是把选出的优质羽绒装入干净的塑料袋内，外套编织袋或麻袋，用绳子扎好口，作暂时保存。保管时应将包装好的羽绒放在仓库通风处，以免受潮。保存期内要经常检查羽绒样品，一旦受潮必须及时晾晒或烘干，特别是夏季温度高、湿度大，更应经常查看。库房内要经常喷洒杀虫剂，以防虫蛀。

2. 加工　将新采集的羽毛进行初步整理，清除翅梗、杂质后，进行水洗、消毒、烘干、冷却等加工处理，以供制作各种羽绒制品的原料。

（1）羽毛的粗加工　来自禽类加工厂和收集分散宰杀的羽毛，基本上采用湿拔法生产，须进行榨干、晾晒或烘烤、分毛、除灰、提绒和拼配成分等初步加工。

（2）羽毛的精加工　对粗加工预处理的羽绒，在加工羽绒制品前，须进行精加工处理。基本工艺为：洗毛→脱水→烘干与消毒→冷却→包装贮存。

四、活拔羽绒的质量要求

衡量活拔羽绒的质量主要有下列几个方面。

1. 羽绒含量　羽绒含量越高其质量越好。

2. 千朵重和羽枝长度　千朵重越重，羽枝越长，细度越大，质量越好。鹅胸部羽绒质量较好。就品种而言，大型白羽肉鹅及其杂交鹅绒羽质量较高。

3. 蓬松度　蓬松度是反映绒羽在一定压力下保持最大体积的能力，直接关系到羽绒制品能否保持特定风格和具有较好的保暖性能。

第七章
鹅的疾病防制技术

第一节 概　述

一、概况

随着畜牧业的飞速发展，我国养鹅业面临着生产规模扩大，流动范围不断延伸，流动速度加快，饲养环境污染加重，饲养管理条件不够完善，新的疫病不断出现和流行等许多实际问题，使养鹅场的生物安全面临着严峻考验。

"预防为主，防重于治"是防疫工作方针，必须建立防制鹅病的生物安全体系，搞好鹅场的环境及消毒工作，制定鹅群的免疫程序，选择好高效的疫苗并适时进行免疫接种，加强和改善饲养管理，给鹅群的生长繁殖创造一个良好、安全的养殖环境，才能保障鹅群安全，提高养鹅的经济效益。

二、鹅疫病的防制原则

1. 鹅场卫生管理制度化

（1）结合饲养管理，全面制定并严格执行防疫规章管理制度

增强防疫意识，结合饲养管理每一个生产环节，科学制定并严格执行卫生防疫制度，专一生化鹅场，只能养鹅，不要同时养鸭、鸡、鸟类、家畜等。实行全进全出制度，重视鹅群环境卫生，培育健康种鹅群，严把孵化质量关。加强营养，搞好饲料卫

生管理。

（2）建立健全疫病监测制度

①重要传染病的监测。主要是针对危害较严重的又具有监测手段的鹅群传染病进行监测，如鹅的禽流感、小鹅瘟等，及时掌握传染病的发病情况和免疫动态，检验疫苗免疫效果，为鹅群防疫工作提供可靠依据。

②消毒效果检测。主要是针对鹅舍的空气、孵化室、消毒液的检测，及时掌握消毒效果，防止疫病发生。

③药物敏感性检测。定期测定各种病原菌对常用抗菌药物的敏感性，筛选出本场对某种病原最敏感的药物，避免盲目用药，减少无效用药，节约药费开支。一旦发生相应传染病可以迅速进行有效治疗，避免发生灾难性损失。

（3）制定突发性疫病控制程序 平时就制定好突发性疫病控制程序，一旦规模化养鹅场发生禽流感等烈性传染病，则立即启动该程序，包括诊断、上报疫情、封锁、隔离、消毒、紧急免疫、病群处理、尸体处理、人员管制以及交通管制等，都要做出详尽可行的安排，设置关卡，严防重大疫病的流行。

2. 鹅场免疫程序有效化

（1）制定科学的免疫程序 根据本地区历年来鹅病流行规律和受周边地区影响的疾病安排预防接种，尤其应将本地区的常发病作为免疫预防的重点，根据免疫监测结果，制定出科学的免疫程序，并及时进行调整。在进行免疫接种时，应先接种健康鹅只，然后再接种体质较差的，或者认为是不健康的鹅。抓鹅，动作要轻，避免产生过大的应激。各地各养鹅场的免疫程序要适合本地、本场的具体情况，切忌千篇一律。

（2）常见鹅传染病的免疫程序（仅供参考）

①小鹅瘟。未经免疫的种鹅群，或种鹅群免疫后超过6个月所产的蛋孵出的雏鹅群可在出壳后24小时内，用鸭胚化弱毒疫

苗（小鹅瘟弱毒苗）1∶50～1∶100 稀释后进行免疫，每只雏鹅皮下注射 0.1 毫升。

对从外地引进的未经小鹅瘟疫苗接种的无免疫力的雏鹅，在 1 日龄注射小鹅瘟血清 0.5～1 毫升。在母鹅产蛋前 1 个月，用生理盐水稀释后，每只母鹅肌肉注射 1 毫升，使孵出的雏鹅产生坚强的被动免疫。

②鹅副黏病毒病。用鹅副黏病毒病油乳剂灭活苗，2～7 日龄雏鹅进行首免，每只颈部皮下注射 0.5 毫升，在首免之后 2 个月进行二免，每只注射 0.5～1 毫升。种鹅在产蛋前 15 天，进行三免，每只 1～1.5 毫升。

③鹅大肠杆菌、鸭疫里默氏杆菌病。应用鹅大肠杆菌、鸭疫里默氏杆菌二联油乳剂灭活苗，7～10 日龄雏鹅每只颈部皮下注射，按瓶签说明使用。

④禽流感。用禽流感油乳剂灭活苗，15～18 日龄雏鹅进行首免，经 2 个月进行二免，产蛋前的种鹅 165 日龄进行三免。商品肉鹅只进行首免即可，在严重流行地区可进行二免。

⑤鸭瘟。用鸭瘟鸡胚化弱毒冻干疫苗，60 日龄小鹅每只胸部皮下或肌肉注射 5 羽份。

⑥禽霍乱。用禽霍乱灭活苗，60～90 日龄皮下或肌内注射，按瓶签说明使用。

第二节　鹅场的消毒

一、消毒的目的和意义

随着养禽业的集约化发展，饲养环境的病原微生物污染日趋严重，各种病原微生物的传播途径更加复杂。消毒作为疫病防制的重要手段之一，其目的是切断病原微生物的传染途径，阻止其继续增殖和致害。

二、鹅场的消毒方法

1. 进出口的消毒

（1）鹅场大门的消毒 消毒池宽于大门，长为车轮周长的1.5倍以上，深度不低于20厘米，及时更换并保持消毒液新鲜有效。配备高压消毒冲洗设施，对进入车辆进行彻底冲洗消毒。进入人员要更换胶靴并严格消毒。

（2）进入生产区的消毒 禁止非工作人员进入鹅生产区，工作人员要洗澡、消毒、更换工作服进入。

（3）进入鹅舍的消毒 非本舍饲养管理人员不得进入鹅舍，进入人员须消毒胶靴。

2. 鹅舍的消毒

（1）空鹅舍的消毒程序 排空鹅舍—用具、棚架等移至室外，浸泡清洗消毒—清扫灰尘、垫料和粪便—清水冲洗—消毒剂消毒，安装饲养用具，空置15～20天，福尔马林熏蒸消毒，通风，准备下一轮饲养。

（2）带禽消毒 鹅只入舍后的整个饲养期内，定期使用有效消毒剂对鹅舍环境及鹅体表喷雾，以杀死悬浮在空气中的以及鹅体表的病原微生物。一般10日龄后即可进行，育雏期每周1次，育成期7～10天1次，成年鹅15～20天1次，发生疫情时每天1次。选用的消毒剂应无残留、无异味、刺激性小且杀菌力强，常用过氧乙酸、次氯酸钠、百毒杀等。

三、常用消毒药物及其使用

1. 过氧乙酸 过氧乙酸对细菌、芽孢、病毒有杀灭作用。用于橡胶制品、衣物（浸泡）及手的消毒，常用浓度为0.04%～

0.2%，环境、鹅舍、饲料槽、水槽、仓库、孵化室常用浓度为3%～5%。该品宜低温贮藏，有刺激性，对金属制品有腐蚀性，对有色织物有褪色作用。

2. 百毒杀 百毒杀为双季胺广谱消毒剂，无毒、无色、无臭、无刺激性，对病毒、细菌、真菌孢子、芽孢及藻类均有强力杀灭作用，可用于饮水、各种器物、周围环境的消毒。环境消毒及严重污染场地的消毒按1：2 000～1：5 000稀释；饲槽、饮水器、饲养工具等消毒按1：5 000～1：10 000稀释；饮水消毒按1：10 000～1：20 000稀释。

3. 甲醛 市场所售商品甲醛有效含量为36%～40%，为无色液体，有刺激性臭味。杀菌力强大，对芽孢，霉菌和病毒也有杀灭作用。常用3%～8%甲醛溶液喷洒。用本品30毫升，加高锰酸钾15克混合可作熏蒸（每立方米空间的用量）。

4. 新洁尔灭 对多种革兰氏阳性及阴性细菌有杀灭作用。含量5%～10%，为无色透明有杏仁味的液体。0.01%～0.05%溶液用于皮肤等消毒，0.1%溶液用于鹅舍喷洒及种蛋消毒，0.5%～1%溶液用于饲养工具等的消毒。不能与碘酒、高锰酸钾及肥皂混合使用。

5. 2%火碱（氢氧化钠） 取火碱1千克加水49千克，充分溶解后即成2%的火碱水。如加入少许食盐，可增强杀菌力。常用于病毒性疾病的消毒。因有强烈的腐蚀性，注意不要用于金属器械及纺织品的消毒，更要避免接触家畜皮肤。冬季要防防止消毒液结冰。

6. 漂白粉溶液 消毒前先将漂白粉乳剂配成悬浊液，密闭静置一夜，使用时取出上层清液做喷雾消毒，下层沉淀物可用作鹅场水沟和地面消毒（对粪水和其他液体物质消毒时多用粉剂）。漂白粉溶液对皮肤、金属物品和衣服等有腐蚀性，要多加小心。漂白粉和空气接触时易分解，因此，应置于干燥、阴暗、凉爽处密封保存，以免影响药效。

第三节　鹅生产废弃物的处理与利用

鹅场，特别是规模化、集约化鹅场在生产过程中，会产生大量的粪便、污水、污秽垫料和饲草、病死鹅尸体等废弃物，如不加以适当处理，就可能对周围的土壤、水源、空气及养殖环境造成污染，使正常生产受到严重影响，故必须对鹅场生产过程中产生的废弃物进行有效处理和合理利用。

一、粪便的处理与利用

1. 用作肥料　采用生物腐熟堆肥法，一般鹅场可选择向阳、干燥、平坦的地面，将混合均匀的物料堆成下宽上窄的梯形状。为防止表层干燥，或被鼠、雀等抓爬而污染环境，可用塑料薄膜覆盖或稀泥封闭。为促使堆肥发酵，在肥堆表面应留一定气孔，以促进大气与堆肥有充分的气体交换。当堆肥体积缩小，颜色呈暗褐色，有机质充分腐烂、质地松软、无粪臭味时即可用作肥料。

2. 生产沼气　主要设备为一密闭不透气的沼气池，将鹅粪、杂草及部分污物填入池内，发酵后产生沼气，沼渣是一种很好的有机肥料。是鹅生产废弃物综合利用、防止环境污染和新能源开发的有效措施。

二、污水的处理

1. 土地消纳法　属土壤自然净化。鹅场污水经一段时间存放后，以慢速灌溉、快速渗滤和地面慢流等方式施于农田、果园、经济林地等，其中有机质可被土壤中的微生物降解，病原微生物和寄生虫卵可通过土壤厌氧条件、渗滤、微生物的颉颃作用，逐渐消除。

2. 氧化塘处理 主要有好氧塘、兼性塘和曝气塘 3 种。好氧塘最为常用，以光线能穿透保证藻类正常生长为宜。污水在塘内停留时间为 3～20 天左右。

3. 厌氧处理 首先进行厌氧发酵生产沼气，然后将沼液经沉淀池沉淀后，流入生物氧化塘，经生物氧化处理后再作灌溉或养鱼。

三、病死鹅尸体的处理

1. 高温处理法 将鹅尸体放入焚尸炉内焚烧或放入特制高温锅内熬煮，或将鹅尸体在指定的化制站加工处理，可以将其投入干化机化制，也可将整个尸体投入湿化机化制，以达到彻底消毒的目的。该法的优点是消毒处理彻底，缺点是投资成本较大。对焚烧或化制产生的烟气要采取有效的净化措施，防止烟尘、一氧化碳、恶臭等对周围大气环境造成污染。

2. 土埋法 不具备焚烧条件的鹅场应设置 2 个以上安全填埋井。填埋井应为混凝土结构，深度大于 3 米，直径 1 米，井口加盖密封。进行填埋时，在每次投入鹅尸体后，应覆盖厚度大于10 厘米的熟石灰。井填满后，须用黏土压实并封口。或者选择干燥、地势较高，距离住宅、道路、水井、河流及鹅场或牧场较远的指定地点，挖深坑掩埋病死鹅尸体，利用土壤自净作用，无害化处理鹅尸体。

第四节 兽药的安全使用

一、兽药安全使用的基本要求

1. 要了解兽药的基本常识 兽药可分为原料药、针剂、片

剂、水溶剂、生物制剂及药物添加剂。其中生物制剂为预防动物
疫病用，成本低，效果好，副作用小，如各种疫苗等；针剂分为
水针剂和粉针剂，价格较贵，生产成本相对较高，但作用快，效
果明显，用药期短；片剂、水溶剂和药物添加剂生产成本相对较
低，使用方便，具有特定疗效，农户及养殖散户多用。

2. 要选购正规和信誉好的兽药生产单位的产品　因为这些
单位的生产手段和检测设备相对先进，兽药质量好且比较稳定。

3. 要了解兽药品种的有效成分、用途及注意事项　同一类
兽药有多个不同的品名，购买时要了解该产品的用途、主要成分
及含量。在使用过程中，按照其使用说明书所介绍的用法、用量
及注意事项等内容严格把握，避免因过量使用兽药造成药物浪费
或中毒，用量小又达不到治疗效果。

4. 根据病因和症状正确选择药物　对症下药是减少浪费、
降低成本的有效方法。避免因兽药使用不当而造成疫病防制失
败，造成损失。

5. 坚持低毒、安全、高效原则　科学配伍兽药可起到增强
疗效、降低成本、缩短疗程等积极作用。如果药物配伍使用不
当，将导致用药中毒、动物机体药物残留超标和畜禽疾病得不到
及时有效治疗等相反作用。

二、兽药安全使用的相关原则

1. 坚持预防为主、治疗为辅的原则　由于有些养殖者对鹅
疾病，特别是鹅传染病认识不足，只关注治疗、不注重预防，而
有的鹅传染病只能早期预防，不能治疗，一旦暴发，损失惨重。
所以应做到有计划、有目的适时地使用疫苗进行预防，发病时根
据实际情况及时采取隔离、扑杀等措施，以防疫情扩散。

2. 坚持对症下药的原则　不同的疾病用药不同；同一种疾
病也不能长期使用一种药物治疗。如果条件允许，最好是对分离

的病菌做药敏试验，然后有针对性地选择药物，取得"药半功倍"的效果，彻底杜绝滥用兽药和无病用药现象。

3. 坚持适度剂量的原则 如果剂量小了，达不到预防或治疗效果，而且容易导致耐药性菌株的产生；剂量大了，既造成浪费、增加成本，又会产生药物残留和中毒等不良反应。

4. 坚持合理疗程的原则 对常规鹅疾病来说，一个疗程一般约为3~5天，如果用药时间过短，起不到彻底杀灭病菌的作用，甚至可能会给再次治疗带来困难；如果用药时间过长，可能会造成药物浪费和残留严重现象。

5. 坚持正确给药的原则 由于数量大，能口服的药物最好随饲料给药而不作肌肉注射，不仅方便省工，而且还可减少因大量抓捕带来的一些应激反应。在给药过程中，按照规定要求，根据药物及其停药期的不同，在鹅出栏或屠宰前及时停药，以避免残留药物污染食品。

第五节　鹅常见病的防制

一、病毒性传染病

1. 鹅的鸭瘟病毒感染症 鹅的鸭瘟病毒感染症也叫鸭病毒性肠炎，俗称大头瘟。是由鸭瘟病毒引起的一种急性、热性、败血性传染病。鹅与患鸭瘟的病鸭在密切接触的情况下可感染此病。感染率为20%~50%，病死率在90%以上，呈地方性流行或散发。

（1）病原　鸭瘟疱疹病毒。该病毒广泛分布于病鹅体内各组织器官及口腔分泌物和粪便中。用消毒剂如5%漂白粉、10%~20%石灰乳30分钟，可杀死该病毒。

（2）症状　鹅感染鸭瘟，潜伏期3~4天，散发，呈慢性经过。体温43℃以上，精神沉郁，两腿发软，翅膀下垂，行动困难，流鼻液，常摆头，眼睑肿胀，流泪。少数病鹅头部肿大，呼吸困难，常伴湿性啰音，肛门水肿，排灰白色或淡绿色粪便，渐行消瘦，病程5～20天。若继发其他疾病，病死率很高。

（3）病变 病鹅头颈部肿大，眼睑肿胀，流泪，眼结膜坏死性出血性炎症和溃疡。全身组织器官浆膜、黏膜出血，整个肠道充血、出血，小肠淋巴集合点处充血、出血，形成4个环状出血带。食管和泄殖腔黏膜红肿、出血及有坏死性假膜和溃疡，肝有不规则、大小不等的出血点和坏死灶。

（4）防制 坚持自繁自养，需要引进种蛋、鹅雏时，一定要隔离检疫后，方可引入场内。禁止到鸭瘟流行区域和水禽出没的水域放牧。定期用鸭瘟疫苗进行预防接种，剂量为鸭的5～10倍，紧急接种为20倍。

一旦发生鹅的鸭瘟病毒感染症，应划定疫区，进行严格的封锁、隔离、焚尸、消毒。禁止病鹅外调和出售，停止放牧。对疫区假定健康鹅群紧急接种疫苗。发生鸭瘟的鹅群及早治疗，每只成鹅肌肉注射鸭瘟高免血清1～2毫升。

2. 小鹅瘟 小鹅瘟是由小鹅瘟病毒引起雏鹅的一种急性或亚急性败血性传染病。被带病毒的鹅蛋污染的炕坊，尤易传播本病。传播迅速，病死率40%～80%，在新疫区可达90%～100%。

（1）病原 鹅细小病毒。该病毒抵抗力较强，加热56℃，3小时不死，－20℃下能存活3年。用2%～5%氢氧化钠、10%～20%石灰乳可杀灭该病毒。

（2）症状 3～5日龄病鹅呈最急性经过，发病即极度衰竭死亡。5～15日龄雏鹅发病常为急性，病初精神委顿，食欲减少或废绝，常离群打瞌睡，随后腹泻，排黄白色或黄绿色稀便，并混有气泡。呼吸困难，鼻流浆液性分泌物，喙端色泽变暗，临死前两腿麻痹或抽搐。15日龄以上雏鹅表现腹泻和消瘦，幸存者生长发育受阻。

（3）病变 小鹅瘟主要侵害 2～20 日龄雏鹅，传染快、病死率高，雏鹅排黄绿色或黄白色粪便，有神经症状。剖检最急性型病鹅仅表现肠道急性卡他性炎症。急性型表现为全身性败血症变化，小肠的中、下段肠黏膜脱落，形成纤维素性凝固栓子。肝脏肿大，呈深紫红色或黄红色，胆囊显著膨大，充满暗绿色胆汁（日龄越小的病例，胆囊膨大越显著），心外膜充血，有出血点，心肌浊肿。亚急性型肠道栓子病变甚为典型。

（4）防制 本病主要通过孵化传播，孵化用具应彻底清洗和消毒，种蛋用甲醛熏蒸消毒。已污染的孵化室孵出的雏鹅在出壳后注射小鹅瘟高免血清，每只雏鹅注射 0.5～1 毫升。在本病流行地区，应用弱毒苗接种母鹅，在留种蛋前，给母种鹅接种 GD 株小鹅瘟鸭胚化弱毒疫苗 1 毫升，在免疫接种后 20～270 天内其所产下的蛋孵出的小鹅可获得保护。对未免疫种蛋所孵出的雏，应在出壳后 48 小时内接种雏鹅用小鹅瘟弱毒疫苗，免疫期 30 天。

一旦发现疫情，对感染雏鹅群尽早注射抗血清（最好应用鹅源血清）或卵黄抗体，受威胁的雏鹅群及成鹅一律注射弱毒疫苗，病死雏鹅应焚烧或深埋。污染的用具和场地要严格消毒，严禁外调和出售发病的雏鹅。

3. 禽流感 禽流感是由 A 型流感病毒引起禽类的隐性感染、轻度呼吸系统症状、产蛋量降低或急性高度致死性疾病。鹅的流感发病急，传染性强，病死率高达 30%～90%，危害性大。一般以冬春季发病常见。病鹅长期带毒排毒，污染水质。

（1）病原 A 型流感病毒。该病毒对低温和干燥的抵抗力强，60℃20 分钟可使病毒灭活。一般消毒剂均可杀灭该病毒。

（2）症状 患鹅精神沉郁，食欲减少甚至废绝。体温升高，眼结膜潮红，流泪，进而出现角膜混浊；头颈部肿大，皮下水肿；严重下痢，肛门周围羽毛沾结粪便；临死前多数患鹅口、眼、鼻孔流出暗红色带血液体，部分患鹅表现震颤、抽搐、意识紊乱等神经症状，腿部无毛区鳞片出血，2～5 天死亡。耐过鹅表现生长迟缓，眼失明，扭颈，翅膀下垂等。

（3）病变　本病发病急，病死率较高。患鹅眼结膜潮红，流泪，角膜混浊；头颈部皮下水肿，有的严重出血；腿部鳞片出血，有呼吸道症状和腹泻。剖检可见消化道（从食管至泄殖腔）形成广泛的出血、溃疡，腿部肌肉出血，心肌出血、条纹状坏死，肝脏、胰腺出血等。

（4）防制　坚持自繁自养，搞好日常卫生与带禽消毒等工作。严禁从疫区引入发病或隐性感染鹅，正常引种要进行隔离检疫。鹅群接种禽流感疫苗，种鹅可选择春秋季各接种 1 次；仔鹅10～15 天首免，25～30 天时再接种 1 次，可取得良好的效果。避免鹅、鸭、鸡混养或串栏。种鹅群和肉鹅群要分开饲养，肉鹅的饲养采用全进全出，出栏后空栏要消毒，空舍 15 天以上。

4. 鹅副黏病毒病　鹅副黏病毒病是鹅的一种以消化道症状和病变为特征的急性传染病。各种日龄鹅均易感，20 日龄以内鹅易感性高，病程短，病死率高达 90% 以上。随着日龄的增长，发病率和病死率降低，病死率一般为 8%～15%，有时高达 40%以上。常引起地方性流行。

（1）病原　鹅副黏病毒。该病毒在 60℃下 30 分钟失去活力，直射日光下，30 分钟死亡，在冷冻尸体中可存活 6 个月以上，常用消毒药可将其杀死。

（2）症状　患鹅初期排淡黄绿色、灰白色、蛋清样稀粪。随后粪便呈暗红色、绿色或墨绿色，混有气泡。呼吸困难，咳嗽，鼻孔流出少量浆液性分泌物，甩头，喙端及边缘色泽变暗。病后期，部分患鹅表现扭颈，转圈、仰头，两腿麻痹不能站立，随后抽搐而死，病程长的因营养不良衰竭而死，幸存鹅生长发育不良。

（3）病变　患鹅表现严重下痢，呼吸困难，后期有神经症状。剖检可见肝脏和脾脏肿大、淤血，有芝麻大至绿豆大的坏死灶；胰腺肿大，有灰白色坏死灶。肠黏膜有散在性或弥漫性大小不一、淡黄色或灰白色纤维索性的结痂，剥离后呈出血面或溃疡面；直肠黏膜和泄殖腔黏膜有弥漫性大小不一、淡黄色或灰白色纤维素性结痂；心肌出血；食管黏膜，特别是下端有散在性芝麻大小灰白色或淡黄色结痂，易剥离，剥离后可见紫斑点或溃疡；部分病例腺胃及肌胃充血，出血。

（4）防制　加强饲养管理和卫生防疫工作。新购进的鹅必须接种鹅副黏病毒疫苗，并隔离观察2周以上，证明健康者方可混群。以预防为主，给雏鹅接种鹅副黏病毒疫苗。一旦发病应迅速隔离，消毒，处理被污染环境。

二、细菌性传染病

1. 鹅巴氏杆菌病　鹅巴氏杆菌病又称鹅霍乱、鹅出血性败血症，是由多杀性巴氏杆菌引起的一种急性败血性传染病。成年鹅发病呈散发性，中幼鹅发病呈急性流行性，是危害养鹅业的严重传染病。

（1）病原　多杀性巴氏杆菌，是一种短小、两端钝圆、不形成芽孢的革兰氏阴性杆菌，美蓝染色呈两极浓染。

（2）症状

最急性型：无明显症状，突然表现不安，痉挛、抽搐、倒地挣扎，迅速死亡。

急性型：精神委顿，离群，不敢下水，两翅下垂，缩颈闭眼。体温升高到42.5～43.5℃。口和鼻有黏液流出，不断摇头，故也称"摇头瘟"。患鹅下痢，排出草绿色或白色稀粪，严重时混有血液。通常在1～2天内死亡。

慢性型：病鹅持续性腹泻，有的关节肿胀发炎，跛行或不能行走，少数病例有神经症状。通常病程较长，在出现症状之后1个月左右死亡，未死亡的成为带菌者，对生长、增重，产蛋率有较大影响。

（3）病变　患鹅下痢，口和鼻有黏夜流出，摇头。剖检急性型十二指肠等呈卡他性肠炎或出血性肠炎，淋巴滤泡肿胀；胃黏膜出血，肝脏肿大，散布灰白色针尖大的坏死点；心内外膜有出血点或出血斑；肺充血，气管黏膜出血。慢性型表现关节炎，心肌有坏死灶，肝脂肪变性和局部坏死。

（4）防制　加强饲养管理，增强鹅的抵抗力，搞好环境卫生和消毒工作。应坚持定期检疫，及早发现，采取措施，减少损失。在发生本病的鹅场要定期注射禽霍乱组织灭活菌苗、氢氧化铝甲醛菌苗或灭活油乳剂菌苗。

治疗时，可肌肉注射青霉素、链霉素。此外也可将喹烯酮按1 000千克饲料添加50克，均匀混在饲料中饲喂。也可将磺胺二甲嘧啶（或钠）按0.5%～1%添加于饲料或混在饮水中。此外，红霉素，哇诺酮类药物均有较好疗效。

2. 鹅大肠杆菌病　鹅大肠杆菌病是由不同血清型埃希氏大肠杆菌所引起的一种传染病。2周龄雏鹅多发，呈急性败血症。成鹅患该病又称鹅蛋子瘟、鹅卵黄性腹膜炎或鹅大肠杆菌性生殖器官病，是产蛋母鹅常见的一种传染病。主要是卵巢和输卵管炎症及腹膜腔感染。如本病流行，产蛋母鹅常会成批死亡，病死率达10%以上，可造成较大的经济损失。

（1）病原　埃希氏大肠杆菌，为革兰氏阴性兼性厌氧的短小杆菌，无芽孢、荚膜，有周鞭毛，具有运动性。

（2）症状　急性型为败血型，发生在雏鹅及部分母鹅。病雏表现精神不振，缩颈，呆立，排青白色稀便，食欲减少，饮欲增加，干脚。特征性症状是结膜发炎，眼肿流泪，上下眼睑粘连。严重者见头部、眼睑、下颌部水肿，尤以下颌部明显，触之有波动感。多数患鹅当天死亡，有的5～6天死亡。

母鹅感染后两脚紧缩、蹲伏地上，行走摇摆，呈企鹅状步态。肛门周围常沾有潮湿发臭的排泄物，其中夹杂有蛋清，凝固蛋白质或小蛋黄块。患鹅失水，眼球下陷，喙和蹼干燥、发绀，消瘦。病程 3~7 天，一般发病率为 20% 左右，病死率 10% 以上。少数母鹅能自愈康复，但不能恢复产蛋。公鹅则症状较轻，不会造成死亡，但因阴茎无法缩回泄殖腔而丧失交配能力。

（3）病变　鹅蛋子瘟常发生于产蛋期间，带菌公鹅通过配种而将病菌传染给母鹅。成年母鹅特征性病变是卵黄性腹膜炎，腹腔内有少量淡黄色腥臭的混浊液体，常混有破损的卵黄，各脏器表面覆盖有淡黄色凝固的纤维素性渗出物，肠系膜互相粘连，肠浆膜上有出血小点；卵巢变形萎缩，呈灰色、褐色或酱色等。卵黄在腹腔内积留时间较长者，可凝固成硬块。输卵管发炎，内有小出血点和淡黄色纤维素性渗出物沉着，管腔内含有破碎的小块蛋白，蛋黄等。公鹅病变局限于外生殖器部分，出现红肿、溃疡或结节；病情严重的，在阴茎表面布满绿豆大小的坏死灶。

（4）防制　加强饲养管理，增强鹅的抵抗力，搞好环境卫生和消毒工作。繁殖产蛋前检查公鹅，如发现公鹅外生殖器有病变者，不留作种用，一律淘汰。对发生过本病的种鹅场及养殖户，应用鹅蛋子瘟灭活菌苗。对每只母鹅在产蛋开始前 15 天左右肌肉注射 1 毫升。对已发病鹅群也可注射菌苗，每只肌注 1~2 毫升，7 天后即能迅速控制本病的流行和发生。

发生本病时可肌肉注射链霉素、卡那霉素，均有很好的疗效。每只 5 万~10 万国际单位，每日 2 次，2~3 天为一疗程。氟哌酸拌料，或环丙沙星饮水，连喂 3~4 天。

3. 鹅沙门氏菌病　鹅沙门氏菌病又名鹅副伤寒，是由沙门氏菌属的细菌引起鹅的一种急性或慢性传染病。3 周龄以下的雏鹅易感，可引起大批死亡，成年鹅常呈慢性或隐性感染，成为带菌者。

（1）病原　沙门氏菌，为革兰氏阴性小杆菌，对热及消毒药抵抗力很弱，石炭酸、甲醛对其有较强的杀伤力，在土壤、粪便和水中能生存很长时间。

（2）症状　3周龄以下的雏鹅呈急性败血型。患病雏鹅胫、蹼表皮干燥，喙端发绀，羽毛松乱。口渴，下痢，病初粪便呈稀粥样，后为水样，污染后躯，干涸后阻塞肛门，导致排粪困难。眼结膜发炎、流泪，眼睑水肿，鼻流出黏液性分泌物，腿软，不愿走动，呼吸困难。最后出现神经症状，角弓反张，全身痉挛，抽搐而死。病程一般为2～5天。成年鹅感染后不表现明显症状，成为带菌鹅。

（3）病变　卵黄吸收不良和脐炎；肺充血，出血；肝肿大，呈古铜色，有灰白色或灰黄色坏死灶；胆囊肿胀，充满黏稠的胆汁；脾呈斑驳状；心包炎和心肌炎；肠道呈卡他性炎症，直肠和小肠后段有肿胀呈斑驳状。特征性病变是盲肠肿胀，呈斑驳状，内有干酪样的团块。有的患鹅有气囊炎和关节炎，母鹅卵子变形。

（4）防制　加强饲养管理，增强鹅的抵抗力，定期用福尔马林（甲醛）进行熏蒸消毒鹅舍和用具。幼鹅必须与成年鹅分开饲养，及时淘汰病鹅，病母鹅所产的蛋不能留作种用。

常用抗生素均可防治，如氟哌酸，强力霉素，按每千克饲料100毫克拌喂。严重的可结合注射庆大霉素，每只肌注3 000～5 000国际单位，连用3～5天。也可用磺胺甲基嘧啶和磺胺二甲基嘧啶，均匀混在饲料中，用量为0.2%～0.4%，连用3天，再减半量用1周。

4. 鹅流行性感冒　鹅流行性感冒简称鹅流感，又称鹅渗出性败血症或传染性气囊炎，是由败血志贺氏杆菌引起的一种渗出性、败血性传染病。鹅群感染后，传染快，发病率和病死率都很高，一般为10%～25%，有时可达90%～100%。本病多发于冬春季节。流行初期只感染1月龄的小鹅，后期成鹅也会感染。

（1）病原　病原是败血志贺氏杆菌，为革兰氏阴性菌。对鹅有较强的致病力，对鸡、鸭都不致病。用5%漂白粉，10%～20%石灰乳30分钟，对该病菌具有杀死作用。

（2）症状　患鹅初期，鼻腔和口腔不断流出清水，呼吸急促，呼吸时发出咕咕的声音，甚至张口呼吸。频频摇头或将头伸向身躯前部，蹭擦鼻液。羽毛蓬松，缩颈闭目，头、脚发抖，两腿不能站立。体温升高，死前出现下痢，严重病例脚部麻痹无力，不能行走，勉强站起来即翻倒，病程 2～4 天。病死率差异很大。

（3）病变　肺表面、气囊和气管黏膜附有纤维素性渗出物。皮下、肌肉出血，鼻腔、气管、支气管内有充血和有多量半透明的渗出液。肝、脾、肾淤血、肿大。有的出现纤维素性心包炎，心内膜和心外膜出血。有的脾表面有灰白色坏死点。

（4）防制　加强饲养管理，注意环境消毒及饮食卫生。禽流感油乳剂灭活苗每只鹅颈部皮下注射 0.5 毫升，可预防本病。

本病发生时要及时隔离病鹅，对鹅舍、鹅身进行消毒。0.3%的高锰酸钾溶液饮水，每天内服 3 次。大群鹅每 100 只雏鹅内服复方阿司匹林 4 克，拌料日服 2 次，连用 3 天。或 20%磺胺噻唑钠，每只肌肉注射 1～2 毫升，1 天 2 次，连用 2～3天。有支气管炎等继发炎症时可用青霉素加链霉素，每只肌肉注射各 3 万～5 万国际单位，1 天 2 次，连用 3 天。

5. 鹅衣原体病　鹅衣原体病又名鸟疫或鹦鹉热，是由鹦鹉衣原休引起的一种接触性疫病。1 日龄至 3 周龄的小鹅常发，较大或成年鹅成为病原携带者或血清阳性反应鹅。鹅常为无症状感染，感染后常取隐性经过。在鹅和鸭之间互相传染，一般幼龄鹅较成年鹅易感。特征是结膜炎、鼻炎及腹泻。本病可传染给人。

（1）病原　鹦鹉衣原体。球状微生物，大小为 0.2～1.5 微米，是专性寄生微生物，只能在活细胞内繁殖。

（2）症状　患鹅初期表现食欲废绝，颤抖，步态不稳，排绿色水样粪。在眼和鼻孔周围有浆液性或脓性分泌物，眼周围羽毛粘连结痂或脱落。后期患鹅消瘦，肌肉萎缩，痉挛死亡。在饲养管理不良的情况下，患鹅病死率可超过 50%。常并发沙门氏菌病、传染性浆膜炎等。感染的鹅蛋出雏率下降以及1日龄幼雏的死亡率增高。

（3）病变　结膜炎、鼻炎、眶下窦炎，偶见眼球炎；胸肌萎缩，全身性浆膜炎，兼有渗出液，常发生浆液性或纤维素性心包炎；肝，脾充血肿大，肝表面有灰色或黄色的小坏死灶，老龄鹅的隐性传染表现为肝肿大和脾增大；气囊发炎，呈云雾样混浊或有干酪样渗出物。

（4）防制　对鹅舍及周围环境进行清洁消毒，避免与鸟、畜、其他禽类及其排泄物接触。新引进的鹅，必须隔离观察，经血清学检测确认无病后，方可合群饲养。患鹅应淘汰，以防止散播病原。孵化的种蛋必须是来自无病鹅群的蛋。当饲养，防制和剖检病鹅时，必须注意个人防护和防止污染周围环境，病死鹅要烧毁。目前尚无有效疫苗用于预防。

治疗按每千克饲料中均匀添加四环素0.2～0.4克，连用1～6周。

三、真菌性疾病

1. 螺旋体病　螺旋体病是由鹅包柔氏螺旋体引起经蜱传播的一种发热性、败血性传染病。鹅对螺旋体的易感性极强，各日龄的鹅均易感染，但以幼鹅最为易感。临床特征是贫血及腹泻。病死率为80%左右。本病经蜱（波斯隐喙蜱）咬伤或采食被污染的饲料、饮水而感染，多见于夏秋季节。

（1）病原　鹅包柔氏螺旋体或称鹅疏螺旋体、鹅螺旋体。形态呈螺旋状，末端尖锐。大小为（6～30）微米×（0.2～0.4）微米，具有6～15个螺旋，运动灵活，呈螺旋式前进。

（2）症状　最急性病例无明显症状而突然死亡。亚急性的患鹅精神沉郁，食欲废绝，体温升高至42～43℃，口渴，贫血，下痢，神经症状。头部下垂，跛行，逐渐瘫软，常翻倒在地腹部朝天。死前体温下降。病程多为 2～3 周。血液中可见螺旋体，康复鹅血液中找不到螺旋体。常继发或并发曲霉菌病、大肠杆菌病以及其他败血病。

（3）病变 病死鹅消瘦，泄殖腔周围的羽毛与干涸的排泄物沾在一起；肝肿大，表面散布有针尖至粟粒大、黄白色的坏死灶；脾肿大 1～3 倍，呈暗紫色或棕红色，表面也有坏死灶，小肠黏膜充血、出血；心包有浆液性、纤维素性渗出液。

（4）防制 消灭传播媒介——蜱。没有本病的地区，鹅舍，运动场等要用 5％克辽林消毒。常发地区应在蜱活动季节加强消毒。

用蒸馏水溶解九一四，每次剂量为每千克体重 30～50 毫克，大部分患鹅注射 1～2 次后即可痊愈。发病初期可肌肉注射青霉素，每只注射 10 万国际单位，每天 1 次，连用 2 天。肌肉注射对氨苯胂酸钠（又名阿妥克息），成鹅每千克体重为 0.05 克、幼鹅为 0.03 克。

2. 鹅曲霉菌病 曲霉菌病又称曲霉菌性肺炎，是一种感染各种禽类的霉菌性疾病。多发生于 3 周龄内雏鹅，呈急性发生，病死率可达 50％～100％。雏鹅对烟曲霉菌最易感，成年鹅多为散发。主要通过污染的垫料、空气和发霉的饲料感染。

（1）病原 烟曲霉菌、黄曲霉菌，黑曲霉菌、白曲霉菌等。烟曲霉菌最常见、致病力最强，为需氧菌，其繁殖菌丝的分生孢子柄顶端为膨大的顶囊，顶囊上部的小梗产生球形或类球形分生孢子。

（2）症状 急性病例患雏表现精神沉郁，食欲减少或废绝，多缩颈呆立，闭目昏睡；伸颈张口，呼吸困难。气囊损害时，发出干性的特殊的沙哑声；常见有腹泻，粪便稀薄，呈淡黄色或绿色，双腿麻痹，日渐消瘦，衰竭而死。慢性患鹅症状不明显，主要表现阵发性喘气，食欲不振，腹泻，化脓性结膜炎，逐渐消瘦而死。

（3）**病变**　患鹅呼吸困难，腹泻。急性病例在肺部和气囊可见曲霉菌落和针尖至粟粒大的结节，呈灰白色或黄白色，中心为干酪样坏死组织，内含的菌丝体呈丝绒状；气管、支气管黏膜充血；肝脏急性中毒时肿大，胆囊扩张充盈。慢性患鹅肺实质中有大量灰黄色结节，切面呈干酪样团块。

（4）**防制**　平时加强雏鹅的饲养管理，不喂发霉饲料，不用霉变的垫料。搞好环境卫生，注意孵化器和育雏室的清洁卫生和消毒。制霉菌素，按每 100 只雏鹅 1 次使用 50 万国际单位的用量均匀拌于饲料中，每天 2 次，连用 3 天。碘化钾溶液，每 1 000 毫升饮水中加碘化钾 5～10 克，连用 3～5 天。

四、寄生虫病

1. 鹅球虫病　鹅球虫病是由寄生于肾小管上皮的截形艾美耳球虫和寄生于肠道的鹅艾美耳球虫等引起的对幼鹅危害比较严重的一种寄生虫病。鹅肾球虫病多发生于 3 周龄至 3 月龄的幼鹅，常呈急性经过，病程 2～3 天，病死率高达 85%。鹅肠球虫病各种年龄的鹅均可发生，但以幼鹅易感性大，发病重，病死率也高。

（1）**病原**　鹅球虫分属于艾美耳属、等孢属和泰泽属 3 个属，共 16 种。发病最多、危害性最大的是寄生于肾小管上皮的截形艾美耳球虫和寄生于肠道的鹅艾美耳球虫。截形艾美耳球虫卵囊呈卵圆形，囊壁平滑，有卵膜孔和极帽；鹅艾美耳球虫卵囊呈梨形，无色。

（2）**症状**　鹅肾球虫病表现精神不振、极度衰弱、消瘦、反应迟钝，眼球下陷，翅膀下垂，食欲不振或废绝，粪便呈稀白色，常衰竭而死。耐过鹅步态蹒跚，颈扭转。

鹅肠球虫病的幼鹅患病后 1～2 天死亡。精神委顿，缩头垂翅，食欲减退或废绝，喜卧，不愿活动，常落群，渴欲增强，饮水后频频甩头，腹泻，排棕色、红色或暗红色带有黏液的稀粪，最后衰竭死亡。耐过鹅生长受阻，增重缓慢。

（3）病变　肠黏膜或肠内容物涂片镜检见到发育各阶段的球虫可确诊。但需注意鹅球虫的带虫情况较普遍，不能单纯依靠检出球虫来诊断，必须与上述各项诊断结合进行综合判断。

肾型球虫病可见肾肿大，颜色变为浅黄色或灰红色，肾表面有针尖大灰白色病灶或出血斑。在灰白色病灶内含有白色尿酸盐和大量卵囊。

肠型球虫病病变可见出血性、卡他性肠炎，主要病变是小肠后段黏膜增厚、出血、糜烂，回肠段和盲肠中段覆盖有糠麸样假膜，假膜内含大量球虫卵囊。

（4）防制　平时搞好鹅的饲养管理和环境卫生。粪便应堆贮发酵，防止饲料和饮水被鹅粪污染。栏圈、食槽、饮水器及用具等要经常清洗、消毒。运动场勤换垫新土。不同年龄的鹅要分开饲养管理。可预防性投药。

治疗鹅球虫病的药物较多，应早诊断早用药。可选用氯苯胍、氨丙啉、磺胺二甲基嘧啶、克球多、球痢灵、磺胺六甲氧嘧啶、广虫灵等。宜采取两种以上的药物交替使用，否则易产生抗药性。

2. 鹅棘头虫病　鹅棘头虫病是由大、小多形棘头虫和细颈棘头虫寄生于鹅的小肠而引起的一种疾病，多发于7～8月份。1～3月龄的鹅易感染，病死率比较高。

（1）病原

小多形棘头虫：虫体较小，呈橘红色纺锤状。

大多形棘头虫：虫体呈橘红色纺锤形，前端大，后端狭细。

细颈棘头虫：虫体呈白色纺锤形，前部有小刺，卵呈椭圆形。

（2）症状　严重感染时，患鹅精神沉郁，食欲减退或废绝，腹泻，粪便带血，贫血，消瘦，生长发育迟缓。当棘头虫虫体固着部位发生脓肿或肠穿孔时，病症加剧，引起继发性细菌感染，导致患鹅死亡。成年鹅症状不明显。

（3）病变　临床表现腹泻，粪便带血，贫血。剖检可见肠道浆膜面上有突出的黄白色小结节，在肠壁上有大量橘红色的虫体，固着部位出现不同程度的创伤。有时虫体吻突钻入黏膜深部，穿过肠壁的浆膜层，甚至造成肠壁穿孔而继发腹膜炎。

（4）防制　成年鹅为带虫传播者，幼鹅和成年鹅应分群放牧和饲养。加强鹅粪管理，防止病原扩散。经常对成年鹅和幼鹅进行预防性驱虫，驱虫 10 天后，把鹅群转入安全池塘放牧，同时杀死池塘中的中间宿主。

治疗本病首选硝硫氰醚，按每千克体重用 100～125 毫克，1 次灌服。丙硫苯咪唑，按每千克体重用 10～25 毫克，1 次灌服。二氯酚，按每千克体重用 0.5 克，拌料饲喂。

五、营养代谢病

1. 维生素 A 缺乏症　维生素 A 缺乏症是由于机体维生素 A 缺乏引起的以生长发育不良、视觉障碍和器官黏膜损害为特征的营养代谢病。产蛋母鹅日粮维生素 A 含量低，雏鹅出壳后 7～14 天出现症状。

（1）病因　长期饲喂缺乏维生素 A 和胡萝卜素的饲料；饲料霉变，日光暴晒或贮存时间过长，使饲料中维生素 A 和胡萝卜素被破坏；慢性消化道疾病、胃肠道寄生虫病等造成吸收障碍等原因。

（2）症状　雏鹅发病时，发育严重受阻，倦怠，消瘦，衰弱，羽毛蓬乱；流鼻液，呼吸困难；骨骼发育障碍，行走蹒跚；脚蹼颜色变浅。一侧或两侧眼睛流出灰白色干酪样分泌物，继而角膜混浊，软化，穿孔和眼房液外流，最后失明。缺乏维生素 A 的母鹅产蛋率下降，弱雏率增加。

（3）病变　可见各处黏膜发炎坏死，黏膜处常见散在的白色小结节。

（4）防制　加强饲养管理，供给充足的维生素A，消除可能导致其缺乏的各种原因。炎热季节添加维生素A的饲料不能存放时间过久，并避免日光暴晒等。

发生维生素A缺乏时，可在每千克饲料中补充 1 000～1 500 国际单位的维生素A，也可在饲料中加入鱼肝油，按每千克饲料中加 2～4 毫升，连喂 10～15 天即可奏效。个别雏鹅治疗时，可肌肉注射 2 毫升鱼肝油。成年母鹅每天喂鱼肝油 1～1.5 毫升，分 3 次喂。另外，鹅眼病用 3‰ 硼酸水冲洗，并涂以抗生素软膏。面部肿胀涂擦碘甘油。

2. 维生素 B_1 缺乏症　本病是由于维生素 B_1 缺乏引起的，以糖代谢障碍为主，以神经系统的病变为主要临床特征的疾病，又称多发性神经炎。鹅缺乏维生素 B_1 可引起严重的食欲减退、多发性神经炎和死亡。

（1）病因　长期饲喂含维生素 B_1 较少或霉变饲料；饲喂高碳水化合物饲料而维生素 B_1 含量相对不足；还可因肠道疾病影响维生素 B_1 的吸收引起发病。

（2）症状　雏鹅常在 2 周龄内发病，见有精神沉郁、食欲降低、腹泻症状。特征性症状为脚软无力，步态不稳，常跌撞后蹲下或倒地，两脚朝天或侧卧，游泳样摆动或挣扎。有时偏头扭颈，抬头望天，头向背后极度弯曲，呈观星姿势，或突然跳起，转圈。多次阵发后抽搐死亡。产蛋母鹅在患维生素 B_1 缺乏症时，蛋孵化率下降。

（3）防制　日粮中添加富含维生素 B_1 的糠麸、青绿饲料或添加维生素 B_1。水生动物性饲料不宜过多。每千克饲料中维生素 B_1 的含量：幼雏为 1.8 毫克，育成期为 1.3 毫克，产蛋期为 0.8 毫克。饲料谷物应妥善保存，防止水浸、霉变、受热或遇碱性物质。为防幼雏缺乏维生素 B_1，可于雏鹅出壳后逐只喂给复合维生素 B，每雏 1～2 毫升，或以 1‰～3‰ 浓度混饮，有良效。

病雏可用复合维生素 B 液内服或肌注，按 0.5～1 毫升/只，连用 3 天；或内服维生素 B_1 片，每雏每天 1 片，连服 3 天；严重病例可肌注维生素 B_1 注射液，每天 0.2～0.4 毫升/只，用 1～2 次。

3. 维生素 D 缺乏症　维生素 D 的生理功能是促进钙、磷的吸收，保持动物体中钙、磷比例的平衡，并使钙、磷在骨骼上沉积。当维生素 D 缺乏时，骨骼中钙磷代谢障碍，小鹅发生佝偻病或软骨症，种鹅产蛋减少或产软壳蛋。

（1）病因　鹅缺乏光照，同时饲料中也缺乏维生素 D；饲料中维生素 D 不足或因霉变、酸败、储存时间过长等使维生素 D 被破坏；鹅生长速度快或饲料中钙、磷比例失调都可使维生素 D 缺乏；种鹅缺维生素 D，雏鹅先天性维生素 D 缺乏；中毒性疾病对肝、肾有损害，使维生素 D 的合成发生障碍。

（2）症状　幼雏维生素 D 缺乏时，常于出壳后 10～11 天出现症状，不及时治疗则 1 月龄时大批死亡。患雏表现生长停滞，两腿无力，行走极其困难，跛行，步态不稳，严重者以跗关节蹲伏；鹅喙变软或弯曲变形，导致啄食不便；钙化不良和软骨过度生长，造成关节肿大。

母鹅在维生素 D 缺乏时，产薄皮、软皮蛋，产蛋率下降，孵化率降低；喙及胸骨变软，两腿软弱无力，常呈蹲伏姿势。

（3）防制　注意饲料中钙、磷比例的搭配；提供鹅充足的日照时间；阴雨季节补充富含维生素 D 的饲料。

患雏可喂给 2～3 滴鱼肝油，每天 1～2 次，2 天为一疗程；或内服维生素 D_3，每天 15 000 国际单位/只，通常 1 次即可。

4. 维生素 E 缺乏症　维生素 E 缺乏症是以脑软化症、渗出性素质、白肌病和成鹅繁殖障碍为特征的营养缺乏性疾病。患白肌病的幼鹅，全身衰弱，运动失调，可造成大批死亡。

（1）病因　饲料维生素 E 含量不足；饲料维生素 E 被氧化破坏；维生素 A、B 族维生素等其他营养成分的缺乏；需要量增加；饲料中硒不足时会发生。

（2）症状　成鹅生殖能力受损，产蛋量和种蛋孵化率降低，受精率低，公鹅精子形成不全，繁殖力下降。1～2月龄的幼鹅缺乏维生素E时，表现脑软化症、渗出性素质、白肌病3种类型。

脑软化症：病鹅表现为运动障碍，共济失调，行走蹒跚，站立不稳，头向后或向下弯曲，有时向一侧扭曲，两腿发生阵发性痉挛，衰竭死亡。

渗出性素质：维生素E和硒同时缺乏，使毛细血管通透性变大，主要表现为翅下、胸腹下、腿部皮下水肿，水肿部位颜色发青或呈蓝紫色。

白肌病：一般与维生素E和含硫氨基酸同时缺乏有关。患病雏鹅表现消瘦、衰弱，生长发育不良。严重时两腿完全麻痹而呈躺卧姿势，胸腹部着地或腿向侧方伸出，最终衰竭死亡。

（3）防制　平日应加强饲养管理，在饲料中适当添加维生素E制剂及微量元素添加剂，每只每天0.05～0.1毫克维生素E均匀混于饲料中，连用15天。同时要注意饲料的保管、贮存。植物油中富含维生素E，在饲料中混入0.5%的植物油，具有预防和治疗的作用。注意饲料配合，多喂些新鲜的青绿饲料和谷类。

治疗时喂服维生素E，每只患鹅每次5毫克，每天2～3次。一般3～5天也可以喂服植物油，如花生油。发生渗出性素质和白肌病可在饲料中添加维生素E和硒，维生素E 20国际单位（或植物油5克），亚硒酸钠0.2～0.3毫克、蛋氨酸2～3克，连用2～4周。

六、中毒病

1. 磺胺类药物中毒　磺胺类药物是防治细菌性疾病和球虫病的常用药物。使用不当可引起鹅急性或慢性中毒。

（1）病因　一次用药量过大，或服用时间过长（超过7天），或添加于饲料中的药搅拌不匀，引起鹅中毒。含0.25%～1.5%磺胺嘧啶的饲料或口服0.5克磺胺类药物，幼鹅即可呈现中毒表现。

（2）症状　急性中毒病鹅表现兴奋，拒食，腹泻，痉挛，麻痹，共济失调，肌肉颤抖，惊厥，呼吸加快，短时间内死亡。慢性中毒病鹅表现贫血、黄疸，头部肿大翅下有皮疹，便秘或腹泻，粪便呈酱油色。产蛋鹅产蛋减少或产软壳蛋。

（3）防治　严格掌握磺胺类药物的适应证，控制好使用剂量和疗程（一般不宜超过 5 天）。使用磺胺类药物期间，应提高饲料中的维生素 K 和 B 族维生素的含量。同时注意供给充足的饮水。临床可选用含有增效剂的磺胺类药物（如复方敌菌净、复方新诺明等），因其用量小，毒性也较低。

发生中毒时应立即停药，供给充足的饮水。轻度中毒的鹅可用 0.1%碳酸氢钠、5%葡萄糖水代替饮水 1～2 次，并按每千克饲料加入维生素 C 0.2 克、维生素 K 5 毫克和适量 B 族维生素进行治疗，连续使用，直至症状消失。

2. 有机磷农药中毒　家禽对有机磷农药（剧毒）特别敏感。包括敌百虫、马拉硫磷等。

（1）病因　鹅误食含有机磷农药的种子、水、农作物、牧草等。

（2）症状　最急性中毒无任何症状即死亡。急性中毒病鹅表现食欲废绝，渴欲增加，口角流出多量口水，频频做吞咽动作，流涎，瞳孔缩小，腹泻。重症者则口流白沫，呕吐，张口，呼吸困难，运动失调，两脚无力或麻痹，肌肉颤抖，站立、行走不稳。最后体温下降，全身抽搐，昏迷，窒息而死。

（3）防制　加强农药的管理，注意安全。不要在喷洒过有机磷农药的田地或水域放牧鹅群。喷洒过有机磷农药 6 周以内的种子、蔬菜、瓜果等不能喂鹅。不用敌百虫作鹅的内服驱虫药。消灭体表寄生虫时，浓度不超过 0.5%，涂药面积不要过大。

发生中毒时，应立即清除毒源。应用解磷定，每只成年鹅肌肉或皮下注射 0.2～0.5 毫升。硫酸阿托品，每只成年鹅皮下注射 0.2～0.5 毫升；必要时，每隔 30 分钟注射 1 次。

第八章

鹅场经营管理与经济
效益分析

第一节　鹅生产企业的经营管理

　　经营管理是指在企业内，为使生产、营业、劳动力、财务等各种业务，能按经营目的顺利地执行、有效地调整而所进行的系列管理、运营之活动。通常按照企业管理工作的性质，将营销生产称作"经营"，之外的工作称为"管理"，其中"经营"追求的是效益，要开源，要盈利；"管理"追求的是效率，要节流，要控制成本。对鹅场而言，则重点做好鹅的饲养、人的管理以及产品的购销等方面，是鹅场得以循环发展的根本，对其意义重大，应做好并加强管理。

一、鹅生产的宏观调控

　　1. 鹅场的建设　　良好的鹅场环境条件应该是：保证场内具有较好的小气候条件，有利于鹅舍内空气环境的控制；便于严格执行各项卫生防疫制度和措施；便于合理组织生产，提高场地及设备利用率和工作人员的劳动生产率。

　　（1）合理选择场址　　鹅场的建筑地必须地势高燥，向阳避风，地面平坦且稍有坡度，地形开阔整齐；土壤最好为透气性好的沙壤土；水源必须充足，采用水、陆运动场相结合，水质必须好，水为流动水，水源面积必须和饲养量相适应，必须有清洁的饮用水源。场址必须远离居民生活区，交通方便，水、电供应稳定、可靠。

（2）合理建造、配置鹅舍　鹅场内房舍建造应经济、适用，场内建筑物布局合理，各种类型房舍比例适当。布局时要合理利用地形、地势、光照，做到夏天能防暑、冬天能保温，保证鹅舍能正常通风换气。

（3）合理配置饲养设备　购置的设备价格适宜、规格适当、性能优良、耐用，必须符合鹅的生活特性，同时便于饲养人员的操作，保证生产效率高、噪声低。

（4）保证鹅场有良好的生态环境　既要防止鹅场被周围环境污染，又要做到鹅场不污染周围环境，这是保证鹅场能长久生存的基础。

2. 鹅场的生产

（1）必须保证场内各类鹅群健康生活，且生产性能高。

（2）能有效地严格贯彻综合防疫措施。

（3）技术人员必须技术熟练、经验丰富、积极主动，能在生产第一线开展工作，措施采取得当、及时。

（4）管理人员和饲养人员责任心强、认真负责。管理人员必须和技术人员密切配合，管理到位。

3. 鹅场的购销

（1）保证鹅场有稳定、健康、价格合理、品质优良的苗源。

（2）保证鹅场有稳定的优质饲料原料或优质配合饲料供应。

（3）保证生产的产品适销对路，价格有利。

二、企业的组织管理

近年来，随着养鹅业的发展，我国的鹅场已逐步由一家一户的分散饲养方式，逐渐向规模化、专业化生产方向发展，出现了许多大型的养鹅场，这极大地提高了养鹅的规模效益，也对良种的供应、饲料的配制、饲养的管理提出了更高的要求。

1. "监督"式管理 "监督"式管理就是通过现场指导，督促完成生产工作的一种管理模式。"监督者"集生产、技术于一身，寸步不离生产现场，进行现场管理，随时指导、督促工作的进行。这种管理模式一般用于小型养鹅场和专业户。

2. 专业化管理 这种管理模式主要适用于中等以上规模的鹅场，管理机构设置比较多，需要各部门间建立协同关系。这种管理横向到边，纵向到底，事事有人抓，事事有考核。一般对工作弹性较大的岗位，可以采用岗位责任制、目标管理制等形式，确定工作范围及职责、考核及奖罚办法；对工作比较具体的各生产班组，可以采用目标管理、计量工资、承包等形式，通过定产量、定投入，进行考核评定、奖罚。这种管理模式，分工明确，便于短期掌握，熟练技术，提高工作效率，适合大规模生产。

3. 系统管理 系统管理适用于集良种繁育、饲料生产、鹅的饲养、产品深加工于一体的多功能综合性养鹅企业。企业对下属分公司、分场的管理，主要是制订生产技术指标，定期培训技术人员和饲养人员，把握好经营方针、生产计划，不参与下属场的具体管理事务，实行层层负责制。

三、企业的经营方式与决策

所谓养鹅场的经营方式与决策，就是对养鹅场的建场方针、奋斗目标以及为实现这一目标所作出的重要选择与决定，决策包括经营方向、生产规模、饲养方式、鹅场建设等方面。

1. 确定经营方向 经营方向包括专业化饲养和综合性饲养。专业化饲养是指饲养某一鹅种的一个类型，如饲养肉用仔鹅或种鹅；综合性饲养是指饲养某一鹅种的几个类型，如种鹅场兼养肉用仔鹅，或养肉用仔鹅与养鱼相结合等。

2. 确定生产规模 生产规模取决于投资能力、饲养条件、技术力量、鹅苗来源和产品销售等方面的条件。但从经济效益来说，养鹅属薄利多销行业，所以在养鹅生产上规模效益较为明显，只有形成批量生产才能有较大的饲养效益。

3. 决定饲养方式 饲养方式也必须按人力、物力和自然条件来决定。一个养鹅场是否采用机械化和机械化程度如何，应取决于资金和劳动者的素质以及工人工资的高低。一般来说，在较发达的地区借用资金比雇用工人更为有利，因而宜多采用机械化设备；但在一些落后地区，能找到廉价的劳动力，且劳动力在闲置时可转行，而机械设备在闲置时必须同样支付折旧费，因此，用手工作业比用机械作业承担的风险小，投资也小。

4. 建设正规鹅场 在目前多以平养方式养鹅的情况下，养鹅场主要有全舍饲和半舍饲两种。半舍饲一般多设置水、陆运动场。全舍饲必须提供给鹅适宜、稳定的环境，因而鹅的生产水平较高，但基建投资大；而半舍饲虽受外界环境影响较大，但基建投资较小、收效快。

四、企业的计划管理

鹅安全生产企业需制订年度生产计划，所谓年度生产计划是养鹅场根据自己的经营方向、生产规模、本年度的具体生产目标，结合场内实际情况，拟订鹅场全年的各项生产计划与措施。

1. 总产计划与单产计划 总产计划是养鹅场年度争取实现的商品总量，如一年养多少批肉鹅及全年饲养的肉鹅总数；单产计划是养鹅的"单位"产量，如每批商品肉鹅多少天出售、出售时每只鹅的平均体重应达指标。

2. 利润计划 养鹅场的利润计划，受饲养规模、生产经营水平、饲料、鹅苗等各种费用开支因素的制约。各鹅场（养殖户）应根据自己的实际情况予以制订，以确保利润的实现。

3. 鹅群周转计划 现代养鹅多采用流水作业生产方式，这就要求有高度严密的周转计划，以此来调节全场各个生产环节以及本场和外场的关系，如在某一环节上周转失灵，则会打乱全场的生产。为了使养鹅生产能有条不紊地进行，充分发挥现有鹅舍、设备、人力的作用，达到全年均衡生产，实现高产稳产的目的，就必须制订好全年的鹅群周转计划，并通过对内、对外签订合同的形式来保证其实现。

4. 饲料计划 饲料是发展养鹅生产的物质基础，必须根据养鹅场的经营规模及日常用量妥善安排，在确保全年饲料的同时，场内要一直存有半月至1月的饲料。

5. 产品销售计划 养鹅场销售计划，一般包括种蛋、雏鹅、淘汰鹅等。为保证各类产品的畅销，需要做好市场的调查工作，要了解消费者的消费心理和消费习惯，掌握市场行情变化的规律（如夏天消费者对肉食产品的需求量减少），结合本场生产能力，制订月、季、年度的销售计划。不了解行情，盲目生产，常常会给养殖场带来较大的损失。

6. 其他开支计划 在养鹅生产中还有一些费用开支也应列入计划。如防疫、医药、房舍与设备维修、水电费、零星购物费等。应认真审查，严格控制。

五、企业的生产管理

鹅安全生产企业在从事鹅养殖过程中，必定强化生产管理，为了达到工作预期效果，保证生产计划的实现，鹅养殖企业（养殖户）一般要采取如下一些重要措施。

1. 技术措施

（1）所养鹅种必须良种化。

（2）养鹅所用饲料必须全价化、平衡化。

（3）饲用设备必须符合各种鹅的生物学特性。

（4）鹅场管理必须科学化。

（5）鹅病的防疫必须程序化、科学化。

（6）鹅场经营必须专业化、配套化。

2. 生产措施

（1）**提高鹅群的成活率** 一般情况下主要通过两种途径来提高鹅群的成活率。一是鹅体本身品质的保证，要求购进免疫后的健康鹅；二是加强饲养管理，做到鹅场防疫、免疫的常态化，鹅舍整洁无鼠、畜危害，饲料无霉变或营养失衡等。

（2）**适时更新或出售鹅群** 鹅群更新应根据市场行情和投资费用来确定。如饲料费用高，肉用仔鹅就应在生长达到最高峰时出售；如高价购进鹅苗，那么较晚出售为好，因能使购苗费用分摊给更高重量的肉用仔鹅；当饲料价格较低或肉用仔鹅价格较高时，应将鹅群养到较大体重时出售。如在强制换羽前将低产或弱质的种鹅淘汰，可相对增加收益。

（3）**从全年均衡地为市场提供产品中获得利益** 选择温暖的季节育雏，可使雏鹅体质健壮，成活率高，且育成后的鹅高产、稳产。一般最佳育雏季节为春季，秋季次之。但规模鹅场应打破季节性生产的规律，采用反季节繁殖技术，实现全年均衡生产，获得更高效益。

（4）**降低饲料费用** 在养鹅生产成本中，饲料的费用最大。因此，降低饲料费用对于实现养鹅生产的低成本、高效益非常重要。主要是从提高饲料报酬，减少浪费等方面着手。如减少饲喂过程中的浪费，优化饲料配方，提高饲料消化率，加强饲料保管，对于降低饲料费用十分必要。

（5）**降低鹅蛋的破损率** 可通过合理饲喂日粮，加强管理措施来达到。

（6）**搞好生产统计** 养鹅场的生产统计，是了解生产、指导生产的重要资料，也是进行经济核算以及评价职工劳动效率，实行奖罚的重要依据，应该认真做好。

六、企业的财务管理

鹅安全生产企业财务管理十分重要，除采取通常的财务管理措施之外，还需通过采用经济管理的方法，制订出一些具体措施来加强养鹅场的财务管理。

1. 对外订立各种经济合同　养鹅场在完成生产和销售任务中，不可避免地要与各有关单位发生经济往来，如购买饲料、销售产品等。为确保各方的经济利益，应与这些单位签订供销合同，使双方自负相应的经济责任。

2. 生产中的经济核算　养鹅场经过一定阶段（月、季、年）生产后，应及时进行经济核算来检查生产计划和利润计划的执行情况。在此基础上，进行经济分析，从中找出规律，改进生产，提高经济效益。

第二节　鹅生产企业的经济效益分析

一、投资鹅场前的市场调查分析

市场调查是企业为进行生产经营决策而进行的信息收集工作，对养鹅场来讲，市场调查十分重要。市场调查是了解市场动态的基础，通过调查取得大量可靠的历史的和现实的资料，在此基础上，对鹅养殖市场及其产品的供求和价格变动等情况进行预测，为鹅养殖企业的经营决策提供科学依据。进行市场调查时必须有的放矢，要以科学的态度和实事求是的精神系统地进行调查。市场调查的内容大致包括以下几个方面。

（1）**市场需求**　及时了解市场需求状况是搞好商品生产的前提条件，通过对国内和国际、省内和省外、本地和外地市场上鹅及其加工产品的需求情况进行充分地调查，了解影响需求变化的因素，如人口变化、生活水平的提高、消费习惯的改变以及社会生产和消费的投向变化等。调查时，不仅要注意有支付能力的需求，还需要调查潜在的市场需求。

（2）生产情况　生产情况调查主要是对鹅生产现状的摸底调查，重点调查本地及邻近地区鹅品种的种源情况、生产规模、饲养管理水平、商品鹅的供应能力及其变化趋势等。

（3）市场行情　市场行情调查就是要深入具体地调查鹅及其加工产品在市场上的供求情况、库存情况和市场竞争情况等。

二、生产成本的构成

鹅安全生产必须重视成本。生产成本反映生产设备的利用程度、劳动组织的合理性、饲养管理技术的好坏和种鹅生产性能潜力的发挥程度，是衡量生产活动最重要的经济尺度。鹅生产就是要千方百计降低生产成本，以低廉的价格参与市场竞争。其中生产成本的分类主要包括以下几个方面。

1. 固定成本　养鹅场必须有固定资产，如鹅舍、饲养设备、运输工具及生活设施等。固定资产的特点是：使用年限长，以完整的实物形态参加多次生产过程，并可以保持其固有的物质形态，只是随着它们本身的损耗，其价值逐渐转移到鹅产品中，以折旧费方式支付，这部分费用和土地租金、基建贷款的利息、管理费用等，组成固定成本。

2. 可变成本　也称为流动资金，是指生产单位在生产和流通过程中使用的资金，其特性是参加一次生产过程就被消耗掉，例如，饲料、燃料、垫料、雏鹅、兽药等成本。之所以叫可变成本就是因为它随生产规模、产品的产量而变化。

3. 常见的成本项目

（1）工资　指直接从事养鹅生产人员的工资、奖金及福利等费用。

（2）饲料费 指饲养过程中耗用的饲料费用，运杂费也列入饲料费中。

（3）兽药费 用于鹅病防制的疫苗、药品及化验等费用。

（4）燃料及动力费 用于养鹅生产的燃料费、动力费，也包括了水电费和水资源费。

（5）折旧费 指鹅舍等固定资产基本折旧费。建筑物使用年限较长，15～20年折清；专用机械设备使用年限较短，7～10年折清。

（6）雏鹅购买费或种鹅摊销费 雏鹅购买费很好计算，而种鹅摊销费指生产每千克蛋或每千克活重需摊销的种鹅费用，其计算公式如下：

$$种鹅摊销费（元/千克蛋）= \frac{种鹅原值-残值}{每只鹅产蛋重量}$$

$$或 \quad 种鹅摊销费（元/千克体重）= \frac{种鹅原值-残值}{每只种鹅后代总出售重量}$$

（7）低值易耗品费 指价值低的工具、器材、劳保用品、垫料等易耗品的费用。

（8）共同生产费 也称其他直接费，指除以上七项以外而能直接判明成本对象的各项费用，如固定资产维修费、土地租金等。

（9）企业管理费 指场一级所消耗的一切间接生产费用，销售部属场部机构，所以也把销售费用列入企业管理费。

（10）利息 指以贷款建场每年应交纳的利息。

三、利润的构成要素与估算

鹅场的利润要素构成按其生产性质的不同也有所差异，一般分为商品鹅场和种鹅场两类。

1. 商品鹅场利润的构成要素 商品鹅场利润的构成要素主

要包括：雏鹅的价格、饲料的价格和消耗量、人员的工资、上市
鹅的价格、水、电、兽药等费用、设施与设备的折旧、其他管理
费用等。

2. 种鹅场利润的构成要素　种鹅场利润的构成要素主要有：
种蛋（苗）的价格、饲料的价格和消耗量、人员的工资、淘汰鹅的
价格、水、电、兽药等费用、设施与设备的折旧、其他管理费用等。

3. 商品鹅场利润估算　以饲养 1 000 只商品鹅为例。

（1）支出　雏鹅费：每只雏鹅平均售价 6 元，1 000 只鹅雏
6 000 元；育雏饲料费：以 4 周时间计算，每只育雏鹅每天需要
饲喂 0.1 千克饲料，2 元 1 千克计算，饲料费为 5 600 元；育肥
期饲料费：以 95％成活率计，时间为 6 周，平均每天每只饲喂
饲料 0.25 千克，则饲料费为 19 950 元；防疫、消毒和防病药物
费：每只鹅 0.5 元，计 500 元；水电、折旧费：每只鹅为 0.5
元，为 500 元；人员工资费：3 000 元；管理费：500 元。以上
合计：共需支出 36 050 元。

（2）收益　以市场上肉鹅（活鹅）平均价计为 12 元/千克，
平均每只 3.5 千克计算，则 95％的成活率，售出收入为
39 900元。

（3）利润　将商品鹅场收益减去支出即为利润，故饲养
1 000只商品鹅，可产生利润 3 850 元。

4. 种鹅场利润估算　以饲养 1 000 只种母鹅（另配套 150 公
鹅）1 年为例。

（1）支出　雏鹅费：每只雏母鹅售价 20 元，1 000 只计为
20 000元；育雏饲料费：计算方法同商品鹅，其饲料费为 6 440
元；育成期饲料费：以 95％育成率，时间为 5 个月，平均每天每
只饲喂饲料 0.25 千克，则饲料费为 81 937.5 元；产蛋期饲料费：
时间为 6 个月，平均每天每只饲喂饲料 0.3 千克，则饲料费为
117 990元；防疫、消毒和防病药物费：每只鹅 1 元，计 1 150 元；
水电、折旧费：每只鹅为 4 元，为 4 600 元；人员工资费：20 000

元；管理费：1 000元。以上合计：共需支出253 117.5元。

（2）收益　以市场上受精种蛋出售的平均价计为4.8元/个，平均每只母鹅产受精蛋50个计算，按95％的成活率计，种蛋收益为228 000元；淘汰鹅按肉鹅计，平均价计为20元/千克，平均每只4.5千克计算，则95％的成活率，售出收入为98 325元。以上合计：共收益326 325元。

（3）利润　将种鹅场收益减去支出即为利润，故饲养1 000只种鹅，可产生利润73 207.5元。

四、提高鹅场经济效益的措施

1. 合理配置生产资源　生产中要根据饲养规模、生产方式、饲养密度等配置合理的饲养面积和设备，最大限度地提高房舍、设备的利用率。如小规模的养鹅场，商品鹅可采用育雏和育肥两阶段分舍饲养的方法，加快鹅群的周转；对较大规模的养鹅场，则在安排生产计划时，应从全年均衡生产要求出发，使设备、房舍充分利用，同时考虑好商品鹅生产、种鹅饲养和孵化场之间的合理配合。配置孵化设备时，要考虑到种蛋在孵化机中孵化的时间相对较长，在出雏机中出雏的时间较短，孵化机和出雏机的数量应按3～4∶1配置。在考虑周转安排时，也要将劳动力作适当合理地安排。

2. 加强计划、生产及财务等方面的管理　为了使鹅场经营更能获取效益，经营方应按照鹅场管理的一般要求并结合自身实际，做好计划管理、生产管理和财务管理工作，做到生产有序、管理有效、效益明显。因此，鹅场应采用诸如制定正确的经营决策、适宜的饲养方式和适度的饲养规模、增加产品的数量与提高产品的质量、实行一体化经营管理、树立鹅场形象、提高房舍及养鹅设备的利用率、掌握市场信息适时上市等几个方面的措施，促进效益提升。

附　录

□□□□□□□□□□□□□

附录一　种畜禽场建设布局规范
GB 51/T 652—2007

1　范围

本标准规定了种畜禽场及其建筑物和设施建设位置与安全距离的基本要求。本标准适用于新建、改（扩）建的种畜禽场。其他商品畜禽场可参考本规范。

2　规范性引用文件

下列文件中的条款通过本标准的引用而成为本标准的条款。凡是注日期的引用文件，其随后所有的修改单（不包括勘误的内容）或修订版均不适用于本标准，然而，鼓励根据本标准达成协议的各方研究是否可使用这些文件的最新版本。凡是不注日期的引用文件，其最新版本适用于本标准。

《中华人民共和国畜牧法》

《中华人民共和国动物防疫法》

NY 5027—2001　无公害食品　畜禽饮用水水质

3　定义

本标准采用下列定义：种畜禽场为从事猪、牛、羊、禽、兔、马等品种培育、扩繁或杂交制种的种畜禽场。

4 要求

4.1 建场条件与场址选择

种畜禽场建设应符合以下条件：

4.1.1 规划布局

符合当地畜禽良种繁育体系规划。

4.1.2 地势地貌

高燥、平坦。在丘陵山地建场的应尽量选择阳坡，坡度不超过 20°。

4.1.3 水源

充足，取用方便。水质符合 NY 5027—2001 无公害食品畜禽饮用水水质规定。

4.1.4 位置

应位于居民区当地常年主风向下风向处，畜禽屠宰场、交易市场的上风向处。

4.1.5 距离

应距二级公路 500 米以上，畜禽交易市场、城镇居民聚居区不少于 1 000 米，屠宰场不少于 2 000 米。

4.1.6 粪污处理

粪尿污水排放应达到环保要求。

4.1.7 以下地段或地区不得建场：

生活饮用水的水源保护区、风景名胜区、自然保护区的核心区和缓冲区；镇居民区、文化教育科研区等人口集中区域；环境污染严重、畜禽疫病常发区及山谷洼地等易受洪涝威胁的地段。

4.2 场区规划布局

4.2.1 区划设置

按管理区、生产区和隔离区三个功能区分区布置，各功能区之间界限明显。

4.2.2 区域规划

管理区内包括工作人员的生活设施、办公设施、与外界接触密切的生产辅助设施（饲料库、车库等生产区内主要包括种畜禽生产舍、测定舍及有关生产辅助设施）；隔离区内包括诊断室、隔离舍、病畜无害化处理和粪尿污水处理设施。

4.2.3　区域位置

管理区应位于生产区主风向的上风向及地势较高处；隔离区应位于场区的下风向及地势较低处。

4.2.4　区间距离

管理区与生产区建筑物间距不低于 20 米；生产区与引种隔离区建筑物间距不低于 50 米。

4.2.5　舍间距离

猪、牛、羊、兔、马不低于 10 米；禽不低于 15 米；运动场间距离不低于 6 米；距离围墙不低于 5 米。

4.2.6　道路设置

与外界应有专门道路相连通。场内道路分净道和污道，两者应严格分开，不得交叉与混用。

附录二　无公害食品　畜禽饲料和饲料添加剂使用准则
NY 5032—2006

NY 5032—2006《无公害食品　畜禽饲料和饲料添加剂使用准则》由农业部于 2006 年 1 月 26 日发布，从 2006 年 4 月 1 日起实施。该标准颁布实施后，代替 NY 5042—2001《无公害食品　蛋鸡饲养饲料使用准则》、NY 5032—2001《无公害食品　生猪饲养饲料使用准则》、NY 5037—2001《无公害食品　肉鸡饲养饲料使用准则》、NY 5048—2001《无公害食品　奶牛饲养饲料使用准则》、NY 5127—2002《无公害食品　肉牛饲养饲料使用准则》、NY 5132—2002《无公害食品　肉兔饲养饲料使用准则》

和 NY 5150—2002《无公害食品　肉羊饲养饲料使用准则》。

1　范围

本标准规定了生产无公害畜禽产品所需的各种饲料的使用技术要求，及加工过程、标签、包装、贮存、运输、检验的规则。

本标准适用于生产无公害畜禽产品所需的单一饲料、饲料添加剂、药物饲料添加剂、配合饲料、浓缩饲料和添加剂预混合饲料。

2　规范性引用文件

下列文件中的条款通过本标准的引用而成为本标准的条款。凡是注日期的引用文件，其随后所有的修改单（不包括勘误的内容）或修订版均不适用于本标准，然而，鼓励根据本标准达成协议的各方研究是否可使用这些文件的最新版本。凡是不注日期的引用文件，其最新版本适用于本标准。

GB/T 10647　饲料工业通用术语

GB 10648　饲料标签

GB 13078　饲料卫生标准

GB/T 16764　配合饲料企业卫生规范

饲料添加剂品种目录（中华人民共和国农业部公告第 318号）

饲料药物添加剂使用规范（中华人民共和国农业部公告第 168 号）

饲料和饲料添加剂管理条例（中华人民共和国国务院令 327号）

3　术语和定义

下列术语和定义，以及 GB/T 10647 的规定适用于本标准。

不期望物质 Unwanted substances：污染物和其他出现在用

于饲养动物的产品中的外来物质，它们的存在对人类健康，包括与动物性食品安全相关的动物健康构成威胁。包括病原微生物、霉菌毒素、农药及杀虫剂残留、工业和环境污染产生的有害污染物等。

4　要求

4.1　总则

4.1.1　感官要求

4.1.1.1　具有该饲料应有的色泽、臭、味及组织形态特征，质地均匀。

4.1.1.2　无发霉、变质、结块、虫蛀及异味、异臭、异物。

4.1.2　饲料和饲料添加剂的生产、使用，应是安全、有效、不污染环境的产品。

4.1.3　符合单一饲料、饲料添加剂、配合饲料、浓缩饲料和添加剂预混合产品的饲料质量标准规定。

4.1.4　饲料和饲料添加剂应在稳定的条件下取得或保存，确保饲料和饲料添加剂在生产加工、贮存和运输过程中免受害虫、化学、物理、微生物或其他不期望物质的污染。

4.1.5　所有饲料和饲料添加剂的卫生指标应符合 GB 13078 的规定。

4.2　单一饲料

4.2.1　对单一饲料的监督，可包括检查和抽样，及基于合同风险协定规定的污染物和其他不期望物质的分析。

4.2.2　进口的单一饲料应取得国务院农业行政主管部门颁发的有效期内进口产品登记证。

4.2.3　单一饲料中加入饲料添加剂时，应注明饲料添加剂的品种和含量。

4.2.4　制药工业副产品不应用于畜禽饲料中。

4.2.5　除乳制品外，哺乳动物源性饲料不得用作反刍动物饲料。

4.2.6 饲料如经发酵处理，所使用的微生物制剂应是《饲料添加剂品种目录》中所规定的微生物品种和经国务院农业行政主管部门批准的新饲料添加剂品种。

4.3 饲料添加剂

4.3.1 营养性饲料添加剂和一般饲料添加剂产品应是《饲料添加剂品种目录》所规定的品种，或取得国务院农业行政主管部门颁发的有效期内饲料添加剂进口登记证的产品，亦或是国务院农业行政主管部门批准的新饲料添加剂品种。

4.3.2 国产饲料添加剂产品应是由取得饲料添加剂生产许可证的企业生产，并具有产品批准文号或中试生产产品批准文号。

4.3.3 饲料添加剂产品的使用应遵照产品标签所规定的用法、用量使用。

4.3.4 接收、处理和贮存应保持安全有序，防止误用和交叉污染。

4.4 药物饲料添加剂

4.4.1 药物饲料添加剂的使用应遵守《饲料药物添加剂使用规范》，并应注明使用的添加剂名称及用量。

4.4.2 接收、处理和贮存应保持安全有序，防止误用和交叉污染。

4.4.3 使用药物饲料添加剂应严格执行休药期规定。

4.5 配合饲料，浓缩饲料和添加剂预混合饲料

4.5.1 产品成分分析保证值应符合所执行标准的规定。

4.5.2 使用药物饲料添加剂时，应符合《饲料药物添加剂使用规范》，并应注明使用的添加剂名称及用量。

4.5.3 使用时，应遵照产品饲料标签所规定的用法、用量使用。

4.6 饲料加工过程

4.6.1 饲料企业的工厂设计与设施卫生、工厂卫生管理和生产过程的卫生应符合 GB/T 16764 的要求。

4.6.2　单一饲料和饲料添加剂的采购和使用

4.6.2.1　应符合 4.1 和 4.2 的要求，否则不得接收和使用。

4.6.2.2　使用的饲料添加剂应符合 4.1 和 4.3、4.4 的规定，否则不得接收和使用。

4.6.3　饲料配方

4.6.3.1　饲料配方遵循安全、有效、不污染环境的原则。

4.6.3.2　饲料配方的营养指标应达到该产品所执行标准中的规定。

4.6.3.3　饲料配方应由饲料企业专职人员负责制定、核查，并标注日期，签字认可，以确保其正确性和有效性。

4.6.3.4　应保存每批饲料生产配方的原件和配料清单。

4.6.4　配料过程

4.6.4.1　饲料加工过程使用的所有计量器具和仪表，应进行定期检验、校准和正常维护，以保证精确度和稳定性，其误差应在规定范围内。

4.6.4.2　微量和极微量组分应进行预稀释，并用专用设备在专门的配料室内进行。应有详实的记录，以备追溯。

4.6.4.3　配料室应有专人管理，保持卫生整洁。

4.6.5　混合

4.6.5.1　混合工序投料应按先投入占比例大的原料，依次投入用量少的原料和添加剂。

4.6.5.2　混合时间，根据混合机性能确定，混合均匀度符合标准的规定。

4.6.5.3　生产含有药物饲料添加剂的饲料时，应根据药物类型，先生产药物含量低的饲料，再依次生产药物含量高的饲料。

4.6.5.4　同一班次应先生产不添加药物饲料添加剂的饲料，然后生产添加药物饲料添加剂的饲料。为防止加入药物饲料添加剂的饲料产品生产过程中的交叉污染，在生产加入不同药物添加剂

的饲料产品时，对所用的生产设备、工具、容器等应进行彻底
清理。

4.6.5.5 用于清洗生产设备、工具、容器的物料应单独存放和
标示，或者报废，或者回放到下一次同品种的饲料中。

4.6.6 制粒

4.6.6.1 制粒过程的温度、蒸汽压力严格控制，应符合要求；
充分冷却，以防止水分高而引起饲料发霉变质。

4.6.6.2 更换品种时，应清洗制粒系统。可用少量单一谷物原
料清洗，如清洗含有药物饲料添加剂的颗粒饲料，所用谷物的处
理同4.6.5.5。

4.6.7 留样

4.6.7.1 新进厂的单一饲料、饲料添加剂应保留样品，其留样
标签应注明准确的名称、来源、产地、形状、接收日期、接收人
等有关信息，保持可追溯性。

4.6.7.2 加工生产的各个批次的饲料产品均应留样保存，其留
样标签应注明饲料产品品种、生产日期、批次、样品采集人。留
样应装入密闭容器内，贮存于阴凉、干燥的样品室，保留至该批
产品保质期满后3个月。

4.6.8 记录

4.6.8.1 生产企业应建立生产记录制度。

4.6.8.2 生产记录包括单一饲料原料接收、饲料加工过程和产
品去向等全部详细信息，便于饲料产品的追溯。

5 检验规则

5.1 感官指标通过感官检验方法鉴别，有的指标可通过显微镜
检验方法进行。感官要求应符合本标准4.1.1的规定。

5.2 饲料中的卫生指标应按GB 13078规定的参数和试验方法
执行。

5.3 按饲料和饲料添加剂产品质量标准中检验规则规定的感官

要求、营养指标及必检的卫生指标为出厂检验项目，由生产企业质检部门进行检验。标准中规定的全部指标为形式检验项目。

6　判定指标

6.1　营养指标、卫生指标、限用药物、禁用药物为判定合格指标。

6.2　饲料中所检的各项指标应符合所执行标准中的要求。

6.3　检验结果中如卫生指标、限用药物、禁用药物指标不符合本标准要求时，则整批产品为不合格，不得复检。营养指标不合格，应自两倍量的包装中重新采样复验。复验结果有一项指标不符合相应标准的要求时，则整批产品为不合格。

7　标签、包装、贮存和运输

7.1　标签

商品饲料应在包装物上附有饲料标签，标签应符合 GB 10648 中的有关规定。

7.2　包装

7.2.1　饲料包装应完整，无漏洞，无污染和异味。

7.2.2　包装材料应符合 GB/T 16764 的要求。

7.2.3　包装印刷油墨无毒，不应向内容物渗漏。

7.2.4　包装物的重复使用应遵守《饲料和饲料添加剂管理条例》的有关规定。

7.3　贮存

7.3.1　饲料的贮存应符合 GB/T 16764 的要求。

7.3.2　不合格和变质饲料应做无害化处理，不应存放在饲料贮存场所内。

7.3.3　饲料贮存场地不应使用化学灭鼠药和杀鸟剂。

7.4　运输

7.4.1　运输工具应符合 GB/T 16764 的要求。

7.4.2 运输作业应防止污染，保持包装的完整性。

7.4.3 不应使用运输畜禽等动物的车辆运输饲料产品。

7.4.4 饲料运输工具和装卸场地应定期清洗和消毒。

附录三 无公害食品 畜禽饮用水水质
NY 5027—2001

1 范围

本标准规定了生产无公害畜禽产品养殖过程中畜禽饮用水水质要求和配套的检测方法。

本标准适用于生产无公害食品的集约化畜禽养殖场、畜禽养殖区和放牧区的畜禽饮用水水质。

2 规范性引用文件

下列文件中的条款通过本标准的引用而成为本标准的条款。凡是注日期的引用文件，其随后所有的修改单（不包括勘误的内容）或修改版本均不适用于本标准，然而，鼓励根据本标准达成协议的各方研究是否可使用这些文件的最新版本。凡是不注日期的引用文件，其最新版本适用于本标准。

GB/T 5750 生活饮用水标准检验法

GB/T 6920 水质 pH 的测定 玻璃电极法

GB/T 7467 水质 六价铬的测定 二苯碳酰二肼分光光度法

GB/T 7468 水质 总汞的测定 冷原子分光光度法

GB/T 7475 水质 铜、锌、铅、镉的测定 原子吸收分光光谱法

GB/T 7480 水质 硝酸盐氮的测定 酚二磺酸分光光度法

GB/T 7482 水质 氟化物的测定 茜素磺酸锆目视分光

光度法

　　GB/T 7485　水质　总砷的测定　乙基二硫代氨基甲酸银分光光度法

　　GB/T 7486　水质　氰化物的测定　第一部分：总氰化物的测定

　　GB/T 7492　水质　六六六和滴滴涕的测定　气相色谱法

　　GB/T 11896　水质　氯化物的测定　硝酸银滴定法

　　GB/T 13192　水质　有机磷农药的测定　气相色谱法

　　GB 14878　食品中百菌清残留量的测定方法

　　GB/T 17331　食品中有机磷和氨基甲酸酯类农药多种残留的测定

3　术语和定义

　　下列术语和定义适用于本标准。

3.1　集约化畜禽养殖场　intensive animal production farm

　　进行集约化经营的养殖场。集约化养殖是指在较小的场地内，投入较多的生产资料和劳动，采用新的工艺与技术措施，进行专业化管理的饲养方式。

3.2　畜禽养殖区　animal production zone

　　多个畜禽养殖个体集中生产的区域。

3.3　畜禽放牧区　pasturing area

　　采用放牧的饲养方式，并得到省、部级有关部门认可的牧区。

4　水质要求

　　4.1　畜禽饮用水水质不应大于表1的规定。

表1　畜禽饮用水水质标准

项　目		标准值	
		畜	禽
感官性状及一般化学指标	色 ≤	色度不超过 30°	
	浑浊度 ≤	20°	
	臭和味 ≤	不得有异臭、异味	
	肉眼可见物	不得含有	
	总硬度，毫克/升 ≤	1 500	
	pH	5.5～9.0	6.4～8.0
	溶解性总固体，毫克/升 ≤	4 000	2 000
	氯化物（Cl⁻ 计），毫克/升 ≤	1 000	250
	硫酸盐，毫克/升 ≤	500	250
细菌学指标	总大肠菌群，个/100 毫升 ≤	成年畜 10，幼畜和禽 1	
毒理学指标	氟化物（以 F⁻ 计），毫克/升 ≤	2.0	2.0
	氰化物，毫克/升 ≤	0.2	0.05
	总砷，毫克/升 ≤	0.2	0.2
	总汞，毫克/升 ≤	0.01	0.001
	铅，毫克/升 ≤	0.1	0.1
	铬（六价），毫克/升 ≤	0.1	0.05
	镉，毫克/升 ≤	0.05	0.01
	硝酸盐（以 N 计），毫克/升 ≤	30	30

4.2　当水源中含有农药时，其浓度不应大于畜禽饮用水中农药限量与检验方法中规定的限量。

5　检验方法

5.1　畜禽饮用水水质检验方法

5.1.1　色：按 GB/T 5750 执行。

5.1.2　浑浊度：按 GB/T 5750 执行。

5.1.3　臭和味：按 GB/T 5750 执行。

5.1.4　肉眼可见物：按 GB/T 5750 执行。

5.1.5　总硬度（以 $CaCO_3$ 计）：按 GB/T 5750 执行。

5.1.6　溶解性总固体：按 GB/T 5750 执行。

5.1.7　硫酸盐（以 SO_4^{2-} 计）：按 GB/T 5750 执行。

5.1.8　总大肠菌群：按 GB/T 5750 执行。

5.1.9　pH：按 GB/T 6920 执行。

5.1.10　铬（六价）：按 GB/T 7467 执行。

5.1.11　总汞：按 GB/T 7468 执行。

5.1.12　总铅：按 GB/T 7475 执行。

5.1.13　总镉：按 GB/T 7475 执行。

5.1.14　硝酸盐：按 GB/T 7480 执行。

5.1.15　氟化物（以 F^- 计）：按 GB/T 7482 执行。

5.1.16　总砷：按 GB/T 7485 执行。

5.1.17　氰化物：按 GB/T 7486 执行。

5.1.18　氯化物（以 Cl^- 计）：按 GB/T 11896 执行。

附录四　无公害食品　鹅饲养管理技术规范
NY/T 5267—2004

1　范围

本标准规定了无公害食品鹅的饲养管理条件，包括产地环境、引种来源、大气环境质量、水质量、鹅舍环境、饲料、兽药、免疫、消毒、饲养管理、饲养技术、疾病防治、废弃物处理、生产记录、出栏和检验。

本标准适用于无公害肉用仔鹅饲养，种鹅相应时间段的饲养可参考本标准执行。

2 规范性引用文件

下列文件中的条款通过本标准的引用而成为本标准的条款。凡是注日期的引用文件，其随后所有的修改单（不包括勘误的内容）或修订版均不适用于本标准，然而，鼓励根据本标准达成协议的各方研究是否可使用这些文件的最新版本。凡是不注日期的引用文件，其最新版本适用于本标准。

GB 3095 大气环境质量标准

GB 4285 农药安全使用标准

GB 13078 饲料卫生标准

GB 14554 恶臭污染物排放标准

GB 16548 畜禽病害肉尸及其产品无害化处理规程

GB 16549 畜禽产地检疫规范

GB/T 16569 畜禽产品消毒规范

NY/T 388 畜禽场环境质量标准

NY 5027 无公害食品 畜禽饮用水水质

NY 5035 无公害食品 肉鸡饲养兽药使用准则

NY 5037 无公害食品 肉鸡饲养饲料使用准则

NY 5266 无公害食品 鹅饲养兽医防疫准则

《中华人民共和国动物防疫法》

《青贮饲料质量评定标准》

《中华人民共和国兽药典》

3 术语和定义

下列术语和定义适用于本标准。

3.1 全进全出制　all-in and all-out svstem

同一鹅舍或同一鹅场的同一段时期内只饲养同一批次的鹅，同时进场、同时出场的管理制度。

3.2 净道　unpolluted road

供鹅群周转、人员进出、运送饲料的专用道路。

3.3 污道　polluted road

粪便和病死、淘汰鹅出场的道路。

3.4 鹅场废弃物 goose farm waste

主要包括鹅粪（尿）、垫料、病死鹅和孵化厂废弃物（蛋壳、死胚等）、过期兽药、残余疫苗和疫苗瓶等。

3.5 病原体　pathogen

能引起疾病的生物体，包括寄生虫和致病微生物。

3.6 动物防疫　animal epidemic prevention

动物疫病的预防、控制、扑灭和动物、动物产品的检疫。

3.7 小型鹅种　Ught-sized breed

公、母鹅成年体重在 5.0 千克以下者为小型品种。

3.8 中型鹅种　medium-sized breed

公、母鹅成年体重在 5.0~8.0 千克者为中型鹅种。

3.9 大型鹅种　big-sized breed

公、母鹅成年体重在 8.0 千克以上者为大型鹅种。

3.10 育雏温度　brooding temperature

育雏舍内，雏鹅背部高度空间的温度。

4 总体要求

4.1 产地环境

大气质量应符合 GB 3095 标准的要求。

4.2 引种来源

雏鹅应来自有种鹅生产经营许可证，而且无小鹅瘟、禽流感、鹅副黏病毒病的种鹅场，或由该类场提供种蛋所生产的经过产地检疫的健康雏鹅，或经有关部门验收合格的专业孵化场提供的健康雏鹅。同一栋鹅舍饲养群体或全场的所有鹅只在同一段时期内应来源于同一种鹅场。不得从禽病疫区引进雏鹅。

4.3 饮水质量

鹅的饮用水水质应符合 NY 5027 的要求。

4.4 饲料质量

鹅饲料应符合 NY 5037 的要求。人工栽培牧草的农药使用按 GB 4285 规定执行。青贮饲料的制作、贮存按《青贮饲料质量评定标准》规定执行。

4.5 兽药使用

鹅以饮水或拌料方式添加兽药应符合 NY 5035 的要求。

4.6 防疫

疫病预防应符合 NY 5266 的要求。

4.6.1 环境卫生条件

4.6.1.1 鹅饲养场的环境质量应符合 NY/T 388 的要求，污水、污物处理应符合 GB 14554 的要求。

4.6.1.2 建筑布局：应严格执行生产区和生活区相隔离的原则。场内人员、动物和物品运转应采取单一流向，净道和污道不交叉，防止污染和疫病传播。

4.6.1.3 鹅饲养场的消毒和病害肉尸的无害化处理：应按照 GB/T 16569 和 GB 16548 进行。

4.6.2 饲养管理制度

鹅饲养应坚持"全进全出"原则。即全群雏鹅同时进场，同期出场，全场消毒。至少每一栋鹅舍饲养同批同日龄的肉鹅并同时出场。

4.6.3 免疫接种

鹅场应根据《中华人民共和国动物防疫法》及其配套法规的要求，结合当地实际情况，有选择地进行疫病的预防接种工作，并注意选择适宜的疫苗、免疫程序和免疫方法，并应符合 NY 5266 的要求。

4.6.4　疫病监测

应符合 NY 5266 的要求。

4.6.5　疫病控制和扑灭

鹅场发生疫病或怀疑发生疫病时，应依据《中华人民共和国动物防疫法》及时采取以下措施：

a）驻场兽医应尽快向当地畜牧兽医行政管理部门报告疫情。

b）确诊发生高致病性禽流感时，鹅场应配合当地畜牧兽医管理部门，对鹅群实施严格的隔离、扑杀措施；发生鹅副黏病毒、禽结核病等疫病时，应对鹅群实施清群和净化措施；全场进行彻底地清洗消毒，病死或淘汰鹅的尸体按 GB 16548 进行无害化处理，消毒按 GB/T 16569 进行。

4.7　病害肉尸的无害化处理

应符合 GB 16548 标准的要求。

4.8　环境质量

鹅舍内环境卫生应符合 NY/T 388 标准的要求。

5　鹅舍设备卫生条件

5.1　鹅舍选址

5.1.1　鹅舍选址应在地势高燥、采光充足和排水良好、有充足和卫生的水源。

5.1.2　鹅场周围 3 千米内无大型化工厂、矿场、屠宰场等污染源，距离其他畜牧场至少 1 千米以上。

5.1.3　鹅场距离交通主干线、城市、村和镇居民点至少 1 千米以上。

5.1.4　鹅场不应建在水源保护区上游和食品加工厂上风方向。

5.1.5　新建鹅饲养场不可位于传统的鹅副黏病毒和高致病性禽流感疫区内。

5.2　工艺要求

5.2.1　鹅场应执行生产区和生活区严格分开隔离的原则，并布局合理。

5.2.2 鹅舍建筑应符合防疫卫生要求，育雏室内墙表面、地面应光滑平整，并耐酸或耐碱消毒液，墙面不易脱落，耐磨损，不含有毒有害物质。

5.2.3 应具备良好的防鼠、防虫和防鸟设施。

5.3 设备

5.3.1 应具备良好的卫生条件。

5.3.2 适合清洗、消毒处理，且卫生易于检测。

6 饲养管理卫生要求

6.1 消毒

应制定合理的鹅舍消毒程序和制度，并认真执行；每批鹅出栏后应实施清洗、消毒措施。清洗消毒宜按以下顺序进行：首先清除粪便，并立即喷洒杀虫剂；其次，搬出所有可以移动的杂物；再次，鹅舍和舍内设备清洗，特别是引水和喂料设备；最后，对墙壁、地面、用具进行消毒，并准备好围栏、工作服等。消毒剂应选择符合《中华人民共和国兽药典》规定的高效、低毒和低残留消毒剂。

6.2 鹅舍空置

鹅舍清洗、消毒完毕后到进鹅前空舍时间至少 2 周，关闭并密封鹅舍，防止野鸟和鼠类进入。

6.3 对外隔离

鹅场所有入口处应加锁并设有"谢绝参观"标志。鹅场门口设消毒池和消毒间，进出车辆经过消毒池，所有进场人员必须经消毒池进入，消毒池可选用 2‰~3‰漂白粉澄清溶液或 2‰氢氧化钠溶液，消毒液应定期更换，保持其有效性。进场车辆建议用表面活性剂消毒液进行喷雾，进场人员经过紫外线照射的消毒间。外来人员不能随意进出生产区；特殊情况下，参观人员在淋浴和消毒后穿戴保护服方可进入。

6.4　工作人员

工作人员经健康检查，取得健康合格证方可上岗，并应定期进行体检。工作人员进鹅舍前必须更换干净的工作服和工作鞋。

6.5　养鹅场不能同时饲养其他禽类。

7　饲养管理技术

7.1　饮水

雏鹅出生后 24 小时左右第一次饮水。确保饮水器不漏水，防止垫料和饲料霉变。饮水中可以添加葡萄糖、电解质和多种维生素类添加剂。

7.2　喂料

第一次饮水后 0.5～1.0 小时可以喂食。饲料应符合 GB 13078 的要求。饲料中可以根据所饲养肉鹅品种推荐的饲养标准拌入多种维生素类添加剂。每次添料根据需要确定，尽量保持饲料新鲜，防止饲料发生霉变。随时清除散落的饲料和喂料系统中的垫料。饲料存放在通风、干燥的地方，不应饲喂超过保质期或发霉、变质和生虫的饲料。

7.3　温度

育雏温度应符合表 1。

表 1　雏鹅适宜的温度

日　龄（天）	温　度（℃）
1～7	32～28
8～14	28～24
15～21	24～20
22～28	20～16
29～上市	15

7.4　通风和光照

在保暖的同时，一定要使鹅舍保持适宜的通风，但要防止贼风和过堂风。舍内氨气浓度宜保持在 10 毫克/升以下，二氧化碳

0.2%以下。光照时间和光照强度要求见表2。

表2 光照时间和强度安排

日　龄（天）	光照时间（小时）	光照强度（勒）
0～7	24	25
8～14	18	25
15～21	16	25
22	自然光照，晚上加夜灯（100米^{2}1只20瓦灯，灯泡高度2米）	

7.5 密度

适宜的饲养密度见表3。

表3 肉鹅适宜饲养密度（只/米^2）

类型	1周龄	2周龄	3周龄	4～6周龄	7周龄～上市
小型鹅种	12～15	9～11	6～8	5～6	4.5
中型鹅种	8～10	6～7	5～6	4	3
大型鹅种	6～8	6	4	3	2.5

7.6 分群

根据出雏时的强弱大小进行分群饲养，每群100羽左右；3周龄后可以并群饲养，每群300～400羽；饲养中还要注意根据鹅只的生长发育和大小、强弱不断调整鹅群，使每群鹅大小、强弱尽量一致，以便饲养管理。

7.7 育肥

上市前2周左右，视鹅的体况决定是否驱虫一次。驱虫药物使用应符合NY 5035的要求。

7.8 防止鸟和鼠害

控制鸟和鼠进入鹅舍，饲养场院内和鹅舍经常投放诱饵灭鼠和灭蝇。鹅舍内诱饵注意严格控制，或在空舍时投放，使鹅群不能接触。

7.9 病、死鹅处理

对病情较轻、可以治疗的鹅应隔离饲养进行治疗，所用药物应符合 NY 5035 的要求。传染病致死及因其他病扑杀的尸体应按 GB 16548 的要求进行处理。

7.10　鹅场废弃物处理

使用垫料的饲养场，采取鹅出栏后一次性清理垫料，饲养过程中垫料潮湿、污染后要及时清除、更换，网上饲养时应及时清理粪便。运动场上的粪便也要每日清除，清出的垫料和粪便在固定地点进行堆放，充分发酵处理，堆肥池应为混凝土结构，并有房顶。

7.11　生产记录

建立生产记录档案，包括进雏日期、进雏数量、雏鹅来源、饲养员；每日的生产记录包括：日期、鹅日龄、死亡数、死亡原因、存栏数、温度、湿度、免疫记录、消毒记录、治疗用药记录、喂料量、主要添加剂使用记录、药物性添加剂使用记录、鹅群健康状况、出售日期、数量和购买单位。记录应在鹅出售后保存 2 年以上。

7.12　鹅出栏

鹅出栏前 6～8 小时停喂饲料，自由饮水。

8　检疫

鹅出售前按 GB 16549 标准进行产地检疫。

9　运输

运输设备应洁净，符合食品卫生要求。

附录五　无公害食品　鹅饲养
兽医防疫准则
NY 5266—2004

1　范围

本标准规定了生产无公害食品的鹅饲养场在疫病预防、监测、控制和扑灭方面的兽医防疫准则。

本标准适用于生产无公害食品的鹅饲养场的兽医防疫。

2 规范性引用文件

下列文件中的条款通过本标准的引用而成为本标准的条款。凡是注日期的引用文件，其随后所有的修改单（不包括勘误的内容）或修订版均不适用于本标准，然而，鼓励根据本标准达成协议的各方研究是否可使用这些文件的最新版本。凡是不注日期的引用文件，其最新版本适用于本标准。

GB 16548 畜禽病害肉尸及其产品无害化处理规程

GB/T 16569 畜禽产品消毒规范

NY/T 388 畜禽场环境质量标准

NY 5027 无公害食品 畜禽饮用水水质

NY/T 5267 无公害食品 鹅饲养管理技术规范

中华人民共和国动物防疫法

中华人民共和国兽用生物制品质量标准

3 术语和定义

下列术语和定义适用于本标准。

3.1 动物疫病 animal epidemic diseases

动物的传染病和寄生虫病。

3.2 动物防疫 animal epidemic prevention

动物疫病的预防、控制、扑灭和动物、动物产品的检疫。

4 疫病预防

4.1 环境卫生条件

4.1.1 鹅饲养场的环境卫生质量应符合 NY/T 388 的要求，污水、污物处理应符合国家环保要求。

4.1.2 鹅饲养场的选址、建筑布局及设施设备应符合 NY/Y

5267 的要求。

4.1.3 自繁自养的鹅饲养场应严格执行种鹅场、孵化场和商品鹅场相对独立，防止疫病相互传播。

4.1.4 病害肉尸的无害化处理和消毒分别按 GB 16548 和 GB/T 16569 进行。

4.2　饲养管理

4.2.1 鹅饲养场应坚持"全进全出"的原则。引进的鹅只应来自经畜牧兽医行政管理部门核准合格的种鹅场，并持有动物检疫合格证明。运输鹅只所用的车辆和器具必须彻底清洗消毒，并持有动物及动物产品运载工具消毒证明。引进鹅只后，应先隔离观察 7～14 天，确认健康后方可解除隔离。

4.2.2 鹅的饲养管理、日常消毒措施、饲料及兽药、疫苗的使用应符合 NY/T 5267 的要求，并定期进行监督检查。

4.2.3 鹅的饮用水应符合 NY 5027 的要求。

4.2.4 鹅饲养场的工作人员应身体健康，并定期进行体检，在工作期间严格按照 NY/T 5267 的要求进行操作。

4.2.5 鹅饲养场应谢绝参观。特殊情况下，参观人员在消毒并穿戴专用工作服后方可进入。

4.3　免疫接种

　　鹅饲养场应根据《中华人民共和国动物防疫法》及其配套法规的要求，结合当地实际情况，有选择地进行疫病的预防接种工作。选用的疫苗应符合《中华人民共和国兽用生物制品质量标准》的要求，并注意选择科学的免疫程序和免疫方法

5　疫病监测

5.1 鹅饲养场应依照《中华人民共和国动物防疫法》及其配套法规的要求，结合当地实际情况，制定疫病监测方案并组织实施。监测结果应及时报告当地畜牧兽医行政管理部门。

5.2 鹅饲养场常规监测的疫病至少应包括禽流感、鹅副黏病毒

病、小鹅瘟。除上述疫病外，还应根据当地实际情况，选择其他一些必要的疫病进行监测。

5.3 鹅饲养场应配合当地动物防疫监督机构进行定期或不定期的疫病监督抽查。

6 疫病控制和扑灭

6.1 鹅饲养场发生疫病或怀疑发生疫病时，应依据《中华人民共和国动物防疫法》，立即向当地畜牧兽医行政管理部门报告疫情。

6.2 确认发生高致病性禽流感时，鹅饲养场应积极配合当地畜牧兽医行政管理部门，对鹅群实施严格地隔离、扑杀措施。

6.3 发生小鹅瘟、鹅副黏病毒病、禽霍乱、鹅白痢与伤寒等疫病时，应对鹅群实施净化措施。

6.4 当发生 6.2、6.3 所述疫病时，全场进行清洗消毒，病死鹅或淘汰鹅的尸体按 GB 16548 进行无害化处理，消毒按 GB/T 16569 进行，并且同群未发病的鹅只不得作为无公害食品销售。

7 记录

每群鹅都应有相关的资料记录，其内容包括鹅种及来源、生产性能、饲料来源及消耗情况、用药及免疫接种情况、日常消毒措施、发病情况、实验室检查及结果、死亡数及死亡原因、无害化处理情况等。所有记录应有相关负责人员签字并妥善保存2年以上。

附录六 无公害食品 鹅肉
NY 5265—2004

1 范围

本标准规定了无公害鹅肉的生产技术要求、检验方法和标志、包装、贮存、运输要求。本标准适用于无公害鲜、冻鹅肉和分割鹅肉。

2 规范性引用文件

下列文件中的条款通过本标准的引用而成为本标准的条款。凡是注日期的引用文件，其随后所有的修改单（不包括勘误的内容）或修订版均不适用于本标准，然而，鼓励根据本标准达成协议的各方研究是否可使用这些文件的最新版本。凡是不注日期的引用文件，其最新版本适用于本标准。

GB 191 包装储运图示标志

GB 4789.2 食品卫生微生物学检验 菌落总数测定

GB 4789.3 食品卫生微生物学检验 大肠菌群测定

GB 4789.4 食品卫生微生物学检验 沙门氏菌检验

GB/T 5009.11 食品中总砷的测定方法

GB/T 5009.12 食品中铅的测定方法

GB/T 5009.17 食品中总汞的测定方法

GB/T 5009.19 食品中六六六、滴滴涕残留量的测定方法

GB/T 5009.44 肉与肉制品卫生标准的分析方法

GB/T 6388 运输包装收发货标志

GB 7718 食品标签通用标准

GB 9687 食品包装用聚乙烯成型品卫生标准

GB 9695.15 肉与肉制品 水分含量测定

GB 9695.19 肉与肉制品 取样方法

GB 11680 食品包装用原纸卫生标准

GB 12694 肉类加工厂卫生规范

GB/T 14931.1 畜禽肉中土霉素、四环素、金霉素残留量测定方法（高效液相色谱法）

GB 16869 鲜、冻禽产品

GB/T 18407.3 农产品安全质量 无公害畜禽肉产地环境要求

NY 467　畜禽屠宰卫生检疫规范

NY 5028　无公害食品　畜禽产品加工用水水质

NY 5029—2001　无公害食品　猪肉

NY 5039　无公害食品　鸡蛋

NY 5266　无公害食品　鹅饲养兽医防疫准则

NY 5267　无公害食品　鹅饲养管理技术规范

3　技术要求

3.1　原料

宰杀用鹅应来自非疫区，饲养环境应符合 GB/T 18407.3 的要求，饲养过程应符合 NY 5266 和 NY 5267 的要求，并经检疫、检验，取得合格证明。

3.2　宰杀加工

鹅宰杀时应按 NY 467 的要求，经法定机构检疫、检验，取得动物产品检疫合格证明，再进行加工。加工企业卫生要求符合 GB 12694 的要求，加工用水应符合 NY 5028 的要求。

3.2.1　分割

分割鹅体时，应预冷后分割。从活鹅放血到产品包装入冷库时间不得超过 2 小时。

3.2.2　整修

分割后的鹅体各部位应修除外伤、血点、血污和羽毛根等。

3.3　冷加工

3.3.1　冷却

鹅宰杀后 45 分钟内，肉的中心温度应降到 10℃以下。

3.3.2　冷冻

需冷冻的产品，应在 −35℃以下急冻，其中心温度应在 12 小时内达到 −15℃以下。

3.4　感官指标

应符合 GB 16869 的规定。

3.5　理化指标

应符合表 1 的规定。

表 1　理化指标

项　　目	指　标
解冻失水率,%	≤8
挥发性盐基氮,毫克/100 克	≤15
水分,%	≤77
汞（Hg）,毫克/千克	≤0.05
铅（Pb）,毫克/千克	≤0.50
砷（As）,毫克/千克	≤0.50
六六六（BHC）,毫克/千克	≤0.10
滴滴涕（DDT）,毫克/千克	≤0.10
金霉素,毫克/千克	≤0.10
土霉素,毫克/千克	≤0.10
磺胺类（以磺胺类总量计）,毫克/千克	≤0.10
呋喃唑酮	不得检出

3.6　微生物指标

应符合表 2 的规定。

表 2　微生物指标

项　　目	指　标
菌落总数（单位个数/克）	≤5×10^5
大肠菌群（最大可能单位个数/100 克）	<5×10^5
沙门氏菌	不得检出

4　检验方法

4.1　感官特性

按 GB/T 5009.44 规定的方法检验。

4.2 解冻失水率

按 NY 5029—2001 中附录 A 执行。

4.3 挥发性盐基氮

按 GB/T 5009.44 规定的方法测定。

4.4 水分含量测定

按 GB 9695.15 规定的方法测定。

4.5 汞

按 GB/T 5009.17 规定的方法测定。

4.6 铅

按 GB/T 5009.12 规定的方法测定。

4.7 砷

按 GB/T 5009.11 规定的方法测定。

4.8 六六六、滴滴涕

按 GB/T 5009.19 规定的方法测定。

4.9 土霉素、金霉素

按 GB/T 14931.1 规定的方法测定。

4.10 磺胺类

按 NY 5029 规定的方法检验。

4.11 呋喃唑酮

按 NY 5039 规定的方法检验。

4.12 菌落总数

按 GB 4789.2 规定的方法检验。

4.13 大肠菌群

按 GB 4789.3 规定的方法检验。

4.14 沙门氏菌

按 GB 4789.4 规定的方法检验

5 抽样检验规则

抽样检验规则按附录 A 中的要求执行。

6　判定规则

6.1　产品的感官指标不符合本标准为缺陷项，其他指标不符合标准为关键项。缺陷项两项或关键项一项，判为不合格产品。

6.2　受检样品的缺陷项目检验不合格时，允许重新加倍抽取样品进行复检，以复检结果为最终检验结果。

7　标志、包装、运输、贮存

7.1　标志

内包装（销售包装）标志应符合 GB 7718 的规定；外包装标志应符合 GB 191 和 GB/T 6388 的规定。

7.2　包装

包装材料应全新、清洁、无毒无害、无异味，符合 GB 11680 和 GB 9687 的规定。

7.3　贮存

鲜鹅肉应贮存在 −1～4℃ 的环境中，冻鹅产品应贮存在 −18℃以下的冷冻库，库温最高不得超 −15℃。

7.4　运输

应使用符合卫生要求的冷藏车（船）或保温车，不应与有毒、有害、有气味的物品共同存放。

附录 A（规范性附录）

无公害食品鹅肉的抽样检验规则

A.1　抽样方法

A.1.1　批次

由同一班次同一生产线生产的产品为同一批次。

A.1.2　抽样按 GB 9695.19 的规定执行。

A.2　检验类型

A.2.1　出厂检验

每批产品出厂前，均应取得法定机构的动物产品检疫合格证明，生产企业应进行出厂检验，出厂检验的内容包括：标签、标识、净含量、感官指标等方面的检验，经检验合格并取得合格证后方可出厂。

A.2.2 形式检验

形式检验是对产品进行全面考核，即对本标准规定的全部技术要求进行检验。有下列情况之一者应进行形式检验。

a）申请使用无公害食品标志时；

b）正式生产后，原料、生产环境有较大变化，可能影响产品质量时；

c）有关行政主管部门提出进行形式检验要求时；

d）有关各方对产品质量有争议需仲裁时；

e）市场准入。

附录七　无公害食品　畜禽产品
加工用水标准
NY 5028—2001

1　范围

本标准规定了无公害畜禽产品加工用水水质要求和检测方法。

本标准适用于无公害畜禽产品的加工用水。

2　规范性引用文件

下列文件中的条款通过本标准的引用而成为本标准的条款。凡是注日期的引用文件，其随后所有的修改单（不包括勘误的内容）或修订版均不适用于本标准，然而，鼓励根据本标准达成协议的各方研究是否可使用这些文件的最新版本。凡是不注日期的引用文件，其最新版本适用于本标准。

GB 5749　生活饮用水卫生标准

GB/T 5750　生活饮用水标准检验法

GB/T 6920　水质　pH 的测定　玻璃电极法

GB/T 7467　水质　六价铬的测定　二苯碳酰二肼分光光度法

GB/T 7468　水质　总汞的测定　冷原子吸收分光光度法

GB/T 7475　水质　铜、锌、铅、镉的测定　原子吸收分光光谱法

GB/T 7480　水质　硝酸盐氮的测定　酚二磺酸分光光度法

GB/T 7483　水质　氟化物的测定　茜素磺酸锆目视比色法

GB/T 7485　水质　总砷的测定　乙基二硫代氨基甲酸银分光光度法

GB/T 7486　水质　氰化物的测定　第一部分：总氰化物的测定

GB/T 11896　水质　氯化物的测定　硝酸银滴定法

CJ 25.1　生活杂用水水质标准

3　术语和定义

下列术语和定义适用于本标准。

3.1　畜禽产品加工用水

畜禽屠宰厂和畜禽制品加工厂在屠宰加工以及畜禽制品深加工过程中的生产用水、厂区冷却水和设备消毒冲洗水。

3.2　屠宰加工用水

在特定的屠宰车间内将畜禽屠宰加工成胴体或初分割过程中需要的生产性用水。

3.3　畜禽制品深加工用水

畜禽产品（包括肉、蛋、奶）加工成制品（成品）或半制品

（初级产品或分割制品）过程中需要的生产性用水，包括添加水和原料洗涤用水。

4 屠宰加工用水水质卫生要求

4.1 感官和一般化学指标
4.2 毒理学指标
4.3 微生物指标

5 畜禽制品深加工用水水质卫生要求

应符合 GB/T 5750 的要求

6 其他用水

包括循环冷却水、设备冲洗用水，应符合 CJ 25.1 的要求。

7 检验方法

7.1 总硬度（以 $CaCO_3$ 计）、总溶解性固体、硫酸盐：按 GB/T 5750 执行。

7.2 pH：按 GB/T 6920 执行。

7.3 铬（六价）：按 GB/T 7467 执行。

7.4 总汞：按 GB/T 7468 执行。

7.5 总铅、总镉：按 GB/T 7475 执行。

7.6 硝酸盐：按 GB/T 7480 执行。

7.7 氟化物（以 F^- 计）：按 GB/T 7483 执行。

7.8 总砷：按 GB/T 7485 执行。

7.9 氰化物：按 GB/T 7486 执行。

7.10 氯化物（以 Cl^- 计）：按 GB/T 11896 执行。

参 考 文 献

杜文兴主编.2003. 鸭无公害饲养综合技术［M］. 北京：中国农业出版社.

高翔.2003. 畜禽无公害高效养殖实用新技术［M］. 北京：中国农业出版社.

龚道清主编.2004. 工厂化养鹅新技术［M］. 北京：中国农业出版社.

何大乾主编.2007. 鹅高效生产技术手册（第2版）［M］. 上海：上海科学技术出版社.

王述柏主编.2008. 无公害鹅安全生产手册［M］. 北京：中国农业出版社.

李昂主编.2003. 实用养鹅大全［M］. 北京：中国农业出版社.

刘国君主编.2007. 鹅标准化生产技术周记［M］. 哈尔滨：黑龙江科学技术出版社.

王继文主编.2009. 怎样提高养鹅效益［M］. 北京：金盾出版社.

邢军主编.2009. 怎样办好家庭养鹅场［M］. 北京：科学技术文献出版社.

尹兆正主编.2006. 肉鹅［M］. 北京：中国农业大学出版社.

尹兆正主编.2005. 养鹅手册（第2版）［M］. 北京：中国农业出版社.

2001. 中华人民共和国农业行业标准（无公害食品）. 北京：中国标准出版社.

朱维正主编.2008. 高效养鹅及鹅病防治［M］. 北京：金盾出版社.

图书在版编目（CIP）数据

鹅安全生产技术指南/段修军主编 · —北京：中
国农业出版社，2012.2
（农产品安全生产技术丛书）
ISBN 978 - 7 - 109 - 16451 - 2

Ⅰ.①鹅…　Ⅱ.①段…　Ⅲ.①鹅—饲养管理—指南
Ⅳ.①S835.4 - 62

中国版本图书馆 CIP 数据核字（2011）第 274194 号

中国农业出版社出版
（北京市朝阳区农展馆北路 2 号）
（邮政编码 100125）
责任编辑　何致莹　黄向阳

中国农业出版社印刷厂印刷　新华书店北京发行所发行
2012 年 4 月第 1 版　2012 年 4 月北京第 1 次印刷

开本：850mm×1168mm 1/32　印张：8
字数：198 千字　印数：1～5 000 册
定价：18.00 元

（凡本版图书出现印刷、装订错误，请向出版社发行部调换）